주니어 대학
생명공학

주니어 대학 유전자를 조작해 난치병을 고칠 수 있다고? **생명공학**

1판 1쇄 찍음 2025년 7월 25일   1판 1쇄 펴냄 2025년 8월 8일

지은이 신인철 그린이 소복이 펴낸이 박상희 편집장 전지선 기획·편집 이해선, 이요선 디자인 신현수

펴낸곳 (주)비룡소 출판등록 1994.3.17.(제16-849호) 주소 06027 서울시 강남구 도산대로1길 62

강남출판문화센터 4층 전화 02)515-2000 팩스 02)515-2007 홈페이지 www.bir.co.kr

제품명 어린이용 반양장 도서 제조자명 (주)비룡소 제조국명 대한민국 사용연령 3세 이상

ISBN 978-89-491-5367-4 44570 / 978-89-491-5350-6(세트)

ⓒ 신인철, 소복이, 2025. Printed in Seoul, Korea.

유전자를 조작해

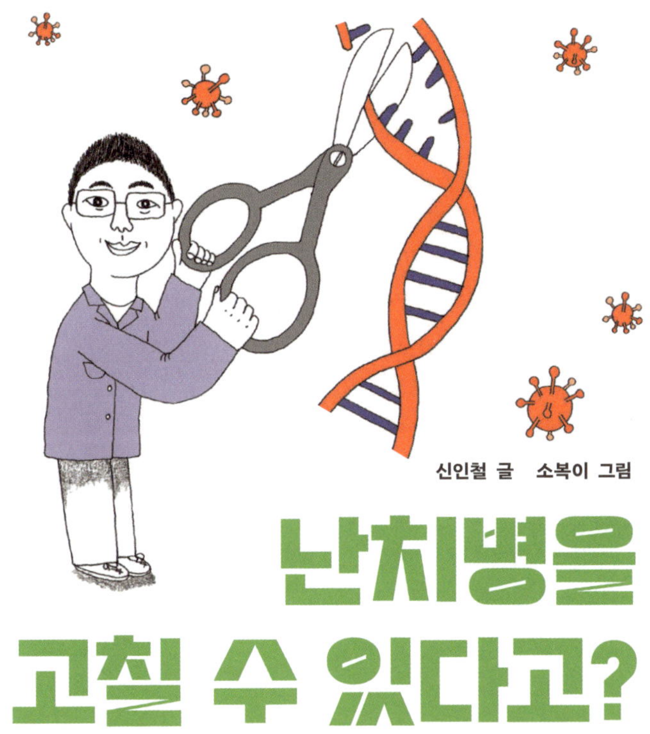

신인철 글   소복이 그림

난치병을
고칠 수 있다고?
-생명공학

주니어 대학

비룡소

들어가는 글

안녕하세요. 저는 생명공학에 대한 글을 쓰게 된 생명과학자랍니다. 뭐라고요? 생명과학자가 왜 생명공학에 대한 글을 쓰냐고요? 사실 저는 대학은 생물학과를 나왔고요, 대학원은 생물공학과로 입학했어요. 그러니 생명과학자라고도 할 수 있지만 생명공학자라고도 할 수 있습니다. 실제로 현재 저는 대학에서 생명과학 연구도 하지만 생명공학으로 분류되는 연구를 더 많이 진행하고 있지요.

이러한 생명과학과 생명공학의 차이점과 유사점에 대해서는 1부에서 다시 다루도록 하고요, '들어가는 글'에서는 좀 더 큰 개념인 공학과 자연과학의 차이에 대해서 생각해 볼까요?

제가 생각하는 공학과 자연과학의 차이점은 다음과 같습니다. 공학은 인간에게 이로운, 인간의 편의를 도모하기 위한 생산품이나 제도를 만들기 위한 학문이고요, 자연과학은 인간의 이익과는 관련 없이 순수한 학문적 호기심을 충족시키기 위해 학자들이 연구하는 학문 분야입니다. 이렇게 말하고 나니 공학과 자연과학은 완전히 다른 분야인 것 같지요? 하지만 이 둘은 떼려야 뗄 수 없는 밀접한 관계를 가지고 있습니다. 자연과학의 발전이 없었으면 공학의 태동이 있을 수 없었고, 공학을 통한 이윤과 가치의 창출이 있지 않으면 자연과학의 발전을 위한 연구비 투자 자체가 힘들어져요. 그러므로 공학과 자연과학은 서로 나눌 수 없는 불가분의 관계라고 할 수 있고 실제로 연구하는 분야나 소재, 주제도 굉장히 비슷해요.

앞으로 이 책에서는 컴퓨터공학, 전자공학, 화학공학 등 여러 공학 분야 중에서도 현재 많은 사람들의 관심이 집중되고 있는 생명공학에 대해서 다루어 보려고 해요. 생명공학이 미래를 이끌어 나갈 기술이라는 것은 우리 모두가 알고 있지만, 과연 생명공학에는 어떠한 분야가 있고, 실제로 생명공학자들이 어떠한 일을 하는지 자세히 모르는 친구들이 많을 것이라고 생각해요. 그래서 지금부터 생명공학의 여러 분야를 간단히 소개하고 생명공학의 발전이 우리 사회에 미치는 영향도 알아보고자 해요.

생명공학은 우리 인간을 포함한 생명체를 직접 다루는 연구 분야인 만큼 윤리 문제에 대한 논란이 있을 수 있어요. 또 하나뿐인 우리 지구의 생태계에도 영향을 미칠 수 있기 때문에 생명공학에 대한 올바른 이해는 현대사회를 살아가는 우리 모두에게 꼭 필요하지요. 생명공학 관련 주제 중에는 첨단 생명공학의 산물인 유전자 변형 작물, 인간의 수정란으로부터 만들어낸 줄기세포 등등 많은 얘깃거리와 논란들이 많아요. 그럼 우리 모두 열린 마음을 가지고 생명공학의 너른 세계로 나아가 볼까요?

1부

생명공학,
인간에게 필요한
가치를 만드는 학문

01

흥미로운
생명공학의 세계

생명과학과 생명공학, 어떻게 다를까?

앞에서 공학과 과학의 차이점에 대하여 알아보았지요? 공학은 인간의 이익과 복지를 위해 과학을 이용하는 응용학문이고, 과학은 순수한 호기심을 충족시키기 위해 자연을 탐구하는 학문이라고요. 그렇다면 생명공학과 생명과학은 어떻게 다를까요? 공학과 과학을 딱 잘라서 구분할 수 없듯이 생명공학과 생명과학도 따로 떼어놓고 생각하기 힘들어요.

제가 근무하는 대학에는 자연과학 대학이라는 단과대학에 속한 '생명과학과'가 있고요, 공과대학이라는 단과대학에 속한 '생명공학과'가 있어요. 제가 다니는 학교의 생명과학과에는 '식물생명공학 연구실', '나노생명공학 연구실' 등 언뜻 들으면 생명공학과에 어울릴 듯한 연구실을 운영하는 교수님들이 계세요. 또한 생명공학과에는 '단백질체 연구실', 'RNA 생물학 연구실' 등 기초 생명과학과에 어울릴 만한 전공을 가진 교수님들도 계시지요. 이처럼 생명공학과 생명과학은 서로 밀접한 관련을 맺고 있고, 어떤 연구자의 연구 분야를 응용학문인 생명공학 또는 순수학문인 생명과학이라고 나누어 분류하기는 힘들어요.

지금은 생명공학이라는 분야가 무척 잘 알려진 학문이지만, 제가 초등학교를 다니던 때만 해도 생명공학이라는 단어 자체가 신조어에 가까웠어요. 그때는 생명과학이라는 말도 흔하지 않았고 그냥 통틀어서 '생물학'이라고 불렀지요. 제가 대학에 입학할 즈음에는 '생명공학', '유전공학'이라는 말이 심심치 않게 TV나 잡지 같은 매체에 등장하였고, 덕분에 생물학도 공학과 연결되어 위상이 조금은 높아졌지요. 그래도 여전히 '배고픈 학문', '취직이 잘되지 않는 전공'이라는 이미지가 강했어요. 제가 생물학과에 진학하려고 한다는 얘기를 들은 주변의 어른들 중에 이런 말씀을 하는 분들이 계셨지요. "생물학과 나와서 뭐 하게? 개구리 해부 배워서 어디 취직하려고 해?", "왜 생물학과를 가니? 기왕이면 전자공학과나 화학공학과를 가야 하지 않겠니?" 역시 생물학을 전공해서는 취직이 잘되지 않는다는 것이 사회적 통념이었기 때문에 그런 것이었지요.

저는 생명과학을 공부합니다.
네? 저는 생명공학을 공부해요.
와! 우리는 떼려야 뗄 수 없는 사이!

하지만 지금은 생명공학 또는 생명과학을 바라보는 사람들의 시선이 이전과는 달라졌고, 학문의 위상도 많이 높아졌어요. 그 이유는 최근 눈부시게 발전한 생명공학 관련 산업 때문이에요. 제가 대학원을 졸업할 때만 해도 생명공학, 생명과학 전공으로 취직할 수 있는 대기업이 거의 없다시피 했어요. 하지만 지금은 한국의 뛰어난 대기업들이 생명공학 쪽으로 투자를 많이 하고 있어요. 향후 우리나라의 먹거리를 책임질 것으로 보고, 생명공학 분야를 키우는 것이지요. 덕분에 생명과학과에서 석박사 학위를 받은 제 연구실의 졸업생들도 대기업 연구소에 취직할 수 있었어요.

자연계 생명체들의 작동 원리를 탐구하는 생명과학과 생명과학에서 배운 이론들을 기반으로 하여 인간이 필요한 가치를 만들어 내는 생명공학은 아주 밀접한 관계를 가지고 있어요. 그리고 대부분의 생명과학자들이 생명공학 연구를 하고 있고, 많은 생명공학자들도 생명과학을 연구하기도 해요. 그러니까 생명과학과 생명공학을 서로 별개의 분야라고 생각하지 않는 것이 좋을 듯해요.

유전공학에
대해

알아볼까?

생명공학과 생명과학의 차이를 따져봤으니 이제 유전공학에 대해 알아볼까요? 사실 '유전공학'은 요즘은 잘 안 쓰는 단어예요. 하지만 1980~1990년대에는 자주 쓰이던 말이었지요. 제가 대학에 입학한 시기에는 국내 유명 대학과 대학원에서 앞다투어 유전공학과라는 학과가 신설되기도 했어요. 그렇다면 유전공학은 무엇일까요?

유전공학은 단어의 뜻 그대로 유전자를 조작해서 인간에게 유용한 물질을 만들어내는 공학의 한 분야를 뜻해요. 그런데 여기서 '인간에게 유용한 물질'이란 무엇일까요? 대부분 치료용 또는 다른 어떠한 용도로 사람들이 필요로 하는 단백질을 뜻해요. 여러분은 단백질 하면 어떤 생각이 먼저 떠오르나요? 닭 가슴살 또는 고단백 저칼로리 영양 식품 등이 먼저 떠오르나요? 단백질은 우리가 음식으로 섭취해야 할 중요한 영양 성분이자 우리 몸 안에서 열심히 일하고 있는 아주 작은 분자 기계이기도 해요. 우리 몸의 여러 가지 기능을 매개하는 호르몬 중 몇몇은 단백질로 이루어져 있어요. 우리 몸에 침입해 온 바이러스와 같은 적군을 물리치는 항체도 단백질이고요. 하나만 더 이야기해 볼까요? 지금 우리의 핏속에서 산소를 운반하는 헤모글로빈도 단백질이에요. 식품으로 섭취하는 단백질 말고도 우리 몸 안에서 단백질이 얼마나 중요한 역할을 하는지 잘 알겠지요?

자, 그렇다면 이렇게 중요한 단백질은 어떻게 만들어질까요? 단백질은 우리 세포 안의 유전자가 가지고 있는 유전정보를 통해서 만들어져요. 유전자가 가지고 있는 유전암호가 전령 RNA라는 중간 매개 물질로 전달된 후, 다시 세포 내의 단백질 공장인 리보솜에서 단백질로 만들어지게 돼요.

유전공학은 이렇게 단백질을 만드는 유전자의 유전암호를 실험실에서 인위적으로 조작하여, 인간에게 필요한 단백질을 다량으

주니어 대학_생명공학

로 만들도록 하는 기술이에요. 유전공학을 통해 처음으로 만들어진 단백질은 인슐린이에요. 인슐린은 혈액 내의 포도당 농도를 조절하는 단백질로 이루어진 호르몬이에요. 인슐린의 생성이나 작용에 문제가 생기면 혈액 내의 포도당 농도가 조절 안 되는 심각한 질병인 당뇨병이 발병하게 되지요. 당뇨병을 치료하는 방법 중의 하나는 인슐린을 체내로 주사하는 것이에요. 유전공학 방법을 통해 미생물로부터 인슐린을 다량으로 생산하는 기술이 개발되기 이전에는 동물의 췌장에서 인슐린을 뽑아내서 사용했지요. 그렇게 해서 얻을 수 있는 인슐린의 양은 무척 적었기 때문에 많은 환자들에게 혜택이 돌아가지 못했어요. 유전공학으로 저렴한 인슐린을 만든 덕분에 많은 당뇨병 환자들이 건강한 삶을 살 수 있게 된 것이지요.

그런데 왜 유전공학이라는 단어 대신 생명공학이라는 단어가 쓰이게 된 것일까요? 실제로 대전에 위치한 '한국 생명공학 연구원'은 1990년대 초반에는 '유전공학 연구소'였지만 훗날 이름이 바뀌었어요. 이는 무엇을 의미하는 것일까요? 유전공학이 유전자, 즉 DNA를 조작해서 인간이 원하는 단백질을 만드는 방법에 관한 것이라면, 생명공학은 유전자뿐 아니라 세포, 세포들이 모여서 만들어진 조직이나 장기, 심지어 생쥐나 토끼 같은 개체를 인위적으로 실험실에서 조작하는 방법을 개발하는 것을 통틀어 일컫는 말

이에요. 그러니까 유전공학은 어떻게 보면 생명공학의 한 부분이
라고 이야기할 수 있겠지요? 하지만 과학자들이 실험실에서 세포
나 개체의 성질을 바꿀 때 대부분 그들의 유전자를 조작해야 한
다는 점을 고려하면, 유전공학과 생명공학은 거의 비슷한 학문이
라고 볼 수 있을 것 같아요.

자, 유전자를 조작해서
네가 원하는 단백질을
만들었어.

유전공학의
핵심 기술,

유전자 클로닝

그러면 이제 유전공학에서 가장 중요한 기술 중 하나인 '유전자 클로닝'에 대하여 잠깐 알아볼까요? 앞서 우리는 유전정보를 가지고 있는 DNA의 일부분을 유전자라고 부른다는 것을 배웠어요. 그렇다면 '클로닝'이란 무엇일까요? '복제'라는 뜻의 '클론(Clone)' 단어는 익숙하지요? 영화 「스타워즈」에도 '클론의 습격'이라는 에피소드가 있었어요. 똑같이 생긴 우주 병사들이 굉장히 많이 등장하던 장면이 기억나네요. 클론은 똑같이 생긴, 유전자까지 동일한 생물들을 말해요. 쉬운 예로 우리 주변에서 볼 수 있는 일란성 쌍둥이를 클론이라고 할 수 있겠네요.

그렇다면 '클로닝(Cloning)'이란 무엇일까요? 영어에서 동사 뒤에 ing를 붙이면 '무엇을 하는 것'이라는 뜻이지요. 그러니까 '클로닝'이란 '클론을 만드는 일'을 뜻합니다. 그러므로 '동물 클로닝'은 똑같은 복제동물을 만드는 것이에요. 동물 클로닝은 아주 오래전부터 해왔어요. 1950년대 한 개구리의 수정란 세포를 다른 개구리의 알에 이식하여 클론 올챙이 두 마리를 만드는 데 성공했어요. 1960년대는 수정란 말고 다른 장기의 세포를 이용하여 클론 올챙이를 만든 결과도 발표되었지요.

사실 수정란은 다 자란 성체의 세포와는 달리 '만능성' 혹은 '전능성'이라고 불리는 '성체 내의 모든 세포로 변할 수 있는 능력'이 있기 때문에 클론을 만들 수 있는 능력이 커요. 하지만 성체의 다른 부분에 존재하는 세포는 그렇지 못하기 때문에 수정란 이외의 다른 세포로 동물을 클로닝 하는 것은 무척 어려운 일이지요. 1997년, 양의 체세포를 이용하여 복제양 '돌리'를 만들어낸 것이 얼마나 큰 의미가 있는지 아시겠지요? 개구리와 같은 양서류에 비해 포유류의 복제는 거의 불가능하다고 알려져 있었기 때문에 더욱더 대단한 업적이지요.

동물 클로닝이 동물을 복제해 내는 것이듯 '유전자 클로닝'은 유전자를 복제하여 똑같은 유전자를 만들어내는 것을 뜻해요. 마치 복사기에서 복사를 하듯이 말이에요. 물론 동물을 복제하는 것보다는 훨씬 간단하지만 유전자 클로닝도 처음에는 그렇게 쉽지 않았어요. 유전자는 혼자서 복제될 수 없기 때문에 효소의 도움을 받아야만 해요. 효소가 뭐냐고요? 효소란, 생물체의 몸속에서 일어나는 화학반응의 속도를 높여주는 단백질이에요. 우리 몸의 세포가 한 개에서 두 개로 분열할 때, 하나의 세포 안에 들어 있는 유전자들은 효소의 도움을 받아 두 배로 복제가 되어 두 개의 세포에 똑같이 나누어지게 되지요.

이렇게 유전자를 복제하는 데 효소가 꼭 필요하기 때문에, 유전자를 복제하려면 효소가 있는 세포 내부로 유전자를 넣어주어야 해요. 그런데 세포 안에 유전자만 달랑 넣으면 세포 안에서 안정화되지 못하고 쉽게 분해되어 버려요. 그래서 유전자를 세포 안에 넣을 때 일종의 탈것인 '벡터' 안에 넣어준답니다. 벡터는 유전자가 분해되지 않도록 보호해 주기도 하고, 유전자 복제를 직접 담당하는 여러 효소들을 불러 모으는 역할도 하지요.

현미경 없이는 볼 수 없을 만큼 아주 작은 생물인 '박테리아'에 대해 들어봤을 거예요. 박테리아는 세포 안에 '플라스미드'라 불리는 원형의 작은 DNA를 가지고 있는데, 플라스미드가 바로 이러한 벡터의 한 종류예요. 박테리아는 박테리아 염색체라고 부르는 커다란 원형의 DNA를 가지고 있고 추가로 플라스미드를 가지고 있기도 해요. 박테리아가 박테리아 염색체 이외에 추가로 유전자를 가지고 싶을 때 이 플라스미드를 자기 세포 안에 넣으면, 플라

오잉? 다 똑같아.

유전자가 같으면,
얼굴도 몸도 똑같지.

스미드 안의 추가 유전자를 획득할 수 있는 것이지요.

이제 클로닝에 쓰이는 플라스미드가 무엇인지 알았으니 유전자 클로닝의 네 단계에 대해 설명해 볼까요? 따라 해보세요. "뽑고, 자르고, 붙이고, 넣자." 어때요, 재미있지요? 한 단계씩 설명할게요. 첫 번째 단계 '뽑고'는 박테리아 안에 들어 있는 플라스미드를 뽑는 단계입니다. 플라스미드를 일단 박테리아 세포 밖으로 꺼내야 실험을 할 수 있겠죠? 그러니 박테리아를 잔뜩 키워서 박테리아 세포를 모은 후, 약품을 써서 박테리아 세포를 터뜨려 그 안에 있는 플라스미드만 따로 분리합니다. 그 과정을 '뽑고'라고 표현한 것이지요. 우리 과학자들은 이 과정을 '플라스미드를 뽑는다.'라고 표현하거든요.

다음 단계 '자르고'는 무엇일까요? 클로닝 해야 할 유전자를 플라스미드라는 유전자의 탈것인 벡터 안에 넣어주기 위해 플라스미드를 자르는 것이지요. 우리가 택시에 타기 위해서 택시 문을 여는 것과 비슷하다고나 할까요? 잘라진 플라스미드와 클로닝 하고자 하는 유전자를 합쳐서 시험관에 넣은 후 그다음 단계인 '붙이고'로 넘어갑니다. 유전자와 플라스미드를 접착제처럼 붙여주는 효소가 유전자를 플라스미드 안에 넣고 붙여줍니다. 우리가 택시에 탄 후 택시 문을 닫는 과정과 유사하다고 할 수 있겠네요.

네 단계의 마지막은 클로닝 하고자 하는 유전자가 들어 있는 플라스미드의 양을 불리기 위해서, 박테리아 안에 플라스미드를 넣어주는 '넣자' 단계입니다. 왜냐하면 플라스미드 혼자서는 저절로 복제될 수 없기 때문에, 플라스미드를 박테리아 안에 넣고 박테리아의 양을 대신 늘리는 것이지요. 더운 여름 음식물에 오염된 박테리아의 숫자가 순식간에 몇 천배로 늘어나듯이, 박테리아는 설탕물과 같은 먹을 것만 주면 순식간에 몇 천배로 늘어납니다. 박테리아가 분열하여 수가 늘어나면 당연히 박테리아 세포 안의 플라스미드도 같이 복제되어 늘어납니다. 복제된 플라스미드 안에 클로닝 된 유전자도 같이 늘어나겠지요.

이러한 유전자 클로닝의 네 단계 방법인 "뽑고, 자르고, 붙이고, 넣자."를 통해 과학자들은 우리가 원하는 만큼 유전자의 양을 얼마든지 늘이는 유전자 클로닝을 수행할 수 있어요. 그 이후의 과정은 무엇일까요? 클로닝 하여 양을 늘린 유전자를 다른 동료 과학자에게 나누어 줄 수도 있고, 그 유전자를 이용해 인간에게 유용한 단백질을 생산하는 생명공학 회사에 분양할 수도 있겠지요? 이렇게 강력한 실험방법인 유전자 클로닝이 유전공학과 생명공학에 꼭 필요한 기술이라는 것이 이제는 이해가 될 거예요.

02

우리의
건강을 지키는
의생명공학

유전자치료로

난치병을
고칠 수 있을까?

의생명공학은 무엇일까요? 의생명공학은 의학과 생명공학을 합친 단어예요. 여러분은 의학이 무엇인지는 다 알지요? 인간의 몸에 생기는 질병을 고치고 예방하기 위한 학문이 바로 의학이지요. 의생명공학은 생명공학 기술을 이용하여 의학에 필요한 약품이나 재료 등을 만드는 방법을 연구하는 학문이에요. 약품을 만드는 것도 의생명공학 분야에 포함되어요. 그럼 갑자기 이런 질문을 하고 싶은 친구가 있을 거예요. "약학도 의생명공학에 포함되나요?" 네, 맞아요. 넓은 의미로는 약학도 의생명공학의 일부라고 말할 수 있어요. 물론 제 의견에 동의하지 않는 약학자도 있을 수 있어요.

그렇다면 대학에서 의생명공학을 선공하면 약사가 될 수 있냐고요? 그렇지는 않아요. 약사는 의사와 마찬가지로 자격증이 필요한 직업이라 약학대학을 졸업해야만 약사로 일할 수 있어요. 의사의 처방전대로 약을 제조하는 것은 약사 고유의 일이에요. 하지만 신약 개발과 같은 일은 약사 자격증이 없어도 의생명공학을 전공하면 할 수 있어요. 지금까지 세상에 없던 새로운 약을 만드는 일, 신약 개발 이외에 의생명공학이 할 수 있는 일은 또 어떤 것이 있을까요?

일단 의생명공학이 발전하지 않았더라면 불가능했을 유전자치료에 대해 간단히 알아볼까요? 생명공학자들은 인간에게 가장 위험한 질병 중 하나인 암을 유전자치료로 극복하기 위해 노력하고 있어요. 암은 생활 습관이나 스트레스, 유전자에 생기는 돌연변이가 주된 원인으로 발병한다고 알려져 있지요. 과학자들은 치료를 위해 암을 일으키는 유전자인 '발암유전자'와 암을 억제하는 유전자인 '암억제유전자'에 주목했어요. 암억제유전자를 벡터에 넣어서 암세포 안으로 집어넣거나, 유전자가위 등을 통하여 발암유전자를 제거하는 방법으로 암을 치료하고자 한 것이지요. 이렇게 유전자를 직접 환자의 세포 안으로 넣거나 이상행동을 하는 유전자를 제거하는 치료 방법을 '유전자치료'라고 불러요. 실제로 '암억제유전자'인 'p53'을 벡터를 이용해 암세포에 주입하여 치료하는

유전자치료로
암을 극복할 방법을
찾는 중이야.

방법은 중국 식품의약품감독관리국에서 2003년 승인되었고 미국 식품의약국(FDA)에서 2024년 임상시험이 승인되었어요.

오늘날 암 외에도 많은 질환을 유전자치료법으로 다스리고 있어요. 유전자치료를 처음 시도한 것은 1990년 미국국립보건원이었어요. 선천적으로 ADA라는 유전자가 결핍된 4세 아이에게 ADA 유전자를 투여하는 방식으로 상태를 호전시켰지요. 또한 2000년대에 들어서서 레버씨 시신경 위축증과 같은 유전자 돌연변이에 의해 눈이 머는 질병을 유전자치료를 통하여 해결하기도 했어요.

하지만 아직 유전자치료는 명확한 한계를 가지고 있어요. 위에서 예를 든 몇 가지 성공적인 사례를 제외하면, 부작용이 발견되어 임상시험이 조기에 종료된 경우도 많고, 환자가 사망한 안타까운 경우도 있었어요. 부작용 이외에도 유전자치료의 한계는 '많은 질환이 유전자 한 개가 망가져서 생겨나지 않는다.'는 사실이에요. 축구 경기에서 골키퍼를 반칙으로 퇴장시켜도 수비수가 대신 골키퍼의 역할을 할 수 있지요? 그처럼, 질환에 문제가 되는 유전자 하나를 유전자치료법으로 제거하거나, 질환을 극복할 수 있는 유전자를 투입한다고 하더라도 모든 문제가 다 해결되지 않는 경우

 주니어 대학_생명공학

가 많아요.

현재는 생명공학이 점점 발전해서 한 번에 하나의 유전자뿐 아니라 여러 개의 유전자를 동시에 조절할 수 있는 유전자치료법이 개발되고 있어요. 가까운 미래에는 여러 유전자를 환자 개개인의 조건에 맞추어 동시에 조절하는 차세대 유전자치료법이 새로이 등장하지 않을까요?

유전자치료로
힘들면

세포치료는 어떨까?

유전자를 직접 조작하는 유전자치료법 외에 의 생명공학 기술을 이용한 질병 치료법이 또 있을까요? 우리 몸속 세포의 능력을 조절하여 질병 치료에 사용하는 기술을 '세포치료법'이라고 해요. 유전자를 가지고 있는 세포 자체를 조작하는 것이지요.

최근 많은 관심을 받고 있는 암 면역 치료법에 대하여 들어보셨나요? 암 면역 치료법은 세포치료법 중의 하나라고 할 수 있어요. 바이러스나 세균 등으로부터 우리 몸을 보호하는 면역세포들은 지금도 끊임없이 일하고 있어요. 우리 몸에서 자연적으로 발생하는 암세포나 암세포가 될 우려가 있는 세포들을 죽이는 것이지요.

우리가 암에 쉽게 걸리지 않는 이유는 암억제유전자의 역할도 있지만 어쩔 수 없이 자연 발생하는 암세포를 우리의 면역세포가 일일이 찾아내어 없애버리기 때문이에요. 노화와 같은 여러 가지 이유로 이러한 면역세포의 힘이 떨어지게 되면, 암세포가 미리미리 제거되지 못하여 악성 암으로 발전할 수 있는 것이에요. 암 면역 치료법이란 생명공학 기법을 사용하여 우리 몸의 면역세포가 암세포를 찾아서 없앨 수 있는 능력을 증진시키는 기술이에요.

그렇다면 암 면역 치료법은 어떻게 면역세포에게 그런 특별한 능력을 부여할 수 있는 것일까요? 그 이야기에 앞서서 면역세포의 기능에 대해 간단히 말씀드릴게요. 면역세포는 눈도 귀도 코도 없기 때문에 세포끼리 정보 교환이 필요할 때 세포 표면에 붙어 있는 물질들을 직접 접촉시켜서 서로 정보를 주고받아요. 혹시 수련회에 가서 눈과 귀를 가리고 친구들과 의사소통하는 게임을 해본 적이 있나요? 서로 등이나 손바닥에 글씨를 쓰면서 단어나 문장을 친구에게 전달하는 게임이지요. 이와 비슷하게 면역세포는 원하는 세포를 찾기 위해, 자기 세포 표면의 물질로 다른 세포들을 더듬어 가며 직접 접촉해요. 다른 세포를 접촉한 후 필요한 세포인지, 없애야 할 세포인지 판단하는 것이지요.

신장이식 수술을 받은 환자가 면역거부반응 때문에 수술에 실패하는 경우가 종종 있어요. 그건 바로 이 환자의 면역세포가 이

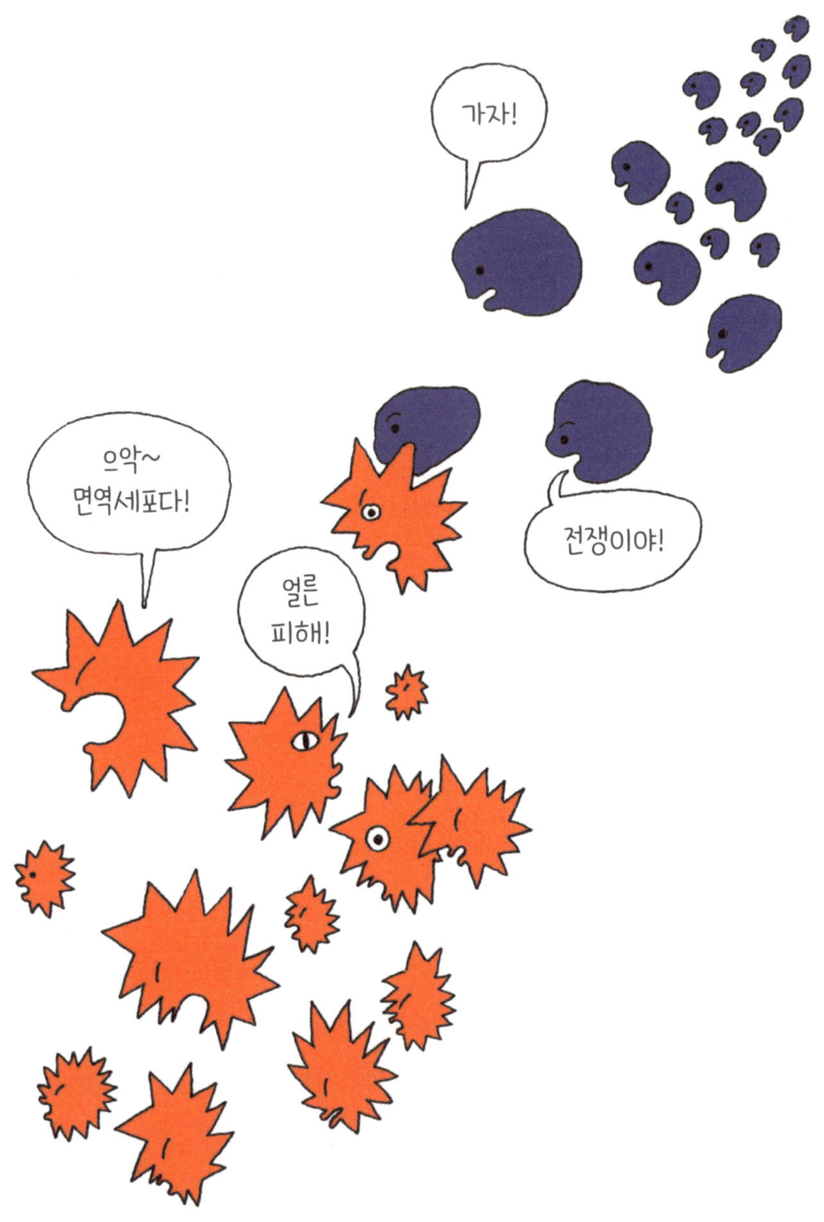

가자!
전쟁이야!
으악~
면역세포다!
얼른
피해!

식한 신장의 세포를 제거해야 할 세포로 인식하여 공격하기 때문이에요. 이런 이유로 장기이식을 받은 환자들은 어쩔 수 없이 면역억제제라는 약물을 복용해야 해요. 그런데 이 면역억제제가 면역세포를 약화시키기 때문에, 면역세포의 암세포 제거 능력까지 덩달아 줄어들어 암 발생 확률이 늘어나게 되는 부작용이 있지요.

면역세포는 이렇게 다른 세포를 골라서 제거할 수 있는 능력이 있기 때문에 생명공학 기술로 면역세포의 능력을 잘 조절하면, 면역세포가 암세포를 죽이는 효율을 향상시킬 수 있어요. 면역세포가 다른 세포의 표면에 직접 접촉하여 제거할 세포인지 아닌지 판단한다고 말씀드렸지요? 최근에는 면역세포 표면에 존재하는 다른 세포와 결합하는 단백질을 생명공학 방법으로 변형시켜, 면역세포가 정상 세포들에 섞여 있는 암세포만 골라서 더 잘 죽일 수 있는 방법이 개발되었어요.

'키메라 항원 수용체 T세포'라는 세포가 바로 그런 목적으로 만들어진 면역세포예요. 줄여서 'CAR T세포'라고 부를게요. 면역세포 중에서 직접 다른 세포와 부딪혀서 일하는 세포를 'T세포'라고 해요. 또, T세포가 다른 세포와 접촉해서 그것이 제거해야 할 세포인지 아닌지 판단하기 위해 사용하는 T세포 표면 물질을 'T세포수용체'라고 부르지요. 생명공학자들은 이 T세포수용체를 조작하여, T세포가 암세포 표면 물질을 더 잘 골라서 결합할 수 있도록 했어요. 그렇게 만들어진 면역세포가 바로 'CAR T세포'예요.

　생명공학 기술로 T세포수용체를 변형시키면 대장암 세포만 가지고 있는 세포 표면 물질, 유방암 세포만 가지고 있는 세포 표면 물질, 혈액암 세포만 가지고 있는 세포 표면 물질 등만 각각 골라서 결합하여 죽이는 CAR T세포를 만들 수 있어요. 그리고 똑같은 암이라고 하더라도 환자에 따라 암세포 표면의 물질이 서로 다르기 때문에 환자마다 독특한 맞춤형 CAR T세포를 제작할 수 있다는 장점도 있지요.

　물론 다른 생명공학 기술과 마찬가지로 CAR T세포를 이용한 암 면역 치료법도 아직은 한계가 있어요. CAR T세포가 정상세포를 잘못 공격해서 오히려 환자가 사망한 경우도 있고요. 아직 백혈병과 같은 혈액암 말고는 좋은 임상 결과가 나오지 못했어요. 하지만 미래의 생명공학자들이 생명공학 기술을 더 발전시킨다면 더욱더 좋은 결과를 낼 수 있겠지요?

조직공학으로

장애를
극복하기

이번엔 조직공학이라는 분야를 살펴볼까요? 신장의 기능에 이상이 생겨 혈액 내에 노폐물이 쌓이는 증상을 '신부전증'이라고 해요. 신부전증 환자들은 혈액을 뽑아내어 노폐물을 제거한 뒤 다시 몸속으로 혈액을 들여보내는 치료를 받아야 해요. 신장을 이식받는 것이 가장 근본적인 치료법이지만, 장기 기증할 사람을 구하기 어려워요. 그래서 과학자들은 실험실에서 배양한 신장 세포를 이용하여 신장 조직과 유사한 인공 신장을 만들려고 하고 있어요. 아직 완성되지 못한 기술이지만, 향후 관련 기술이 발전하면 신장뿐 아니라 췌장, 간과 같은 다른 장기도 실험실에서 만들어낼 수 있을지 몰라요.

실험실에서 만든
인공 다리입니다!

이렇게 장기에 손상을 입은 환자들을 돕기 위한 기술뿐 아니라 외상 등에 의해 다른 여러 기능을 상실한 장애인들을 돕기 위한 기술도 의생명공학의 분야에 포함돼요. 예를 들면 사고로 팔이나 다리를 잃은 환자의 인공 팔다리를 만들어주는 기술도 의생명공학자들이 연구하고 있어요. 이런 분야에서는 인공 팔다리를 움직이기 위한 기계에 대한 지식도 필요하기 때문에 기계공학자들과 협업이 필요해요. 실제로 기계공학을 전공한 공학자들이 의생명공학 분야에서 일하기도 해요. 저와 아주 친한 친구도 기계공학과의 교수지만 자동차공학과 같은 전통적인 기계공학 분야 대신, 생체 진단용 칩을 제작하는 의생명공학 연구를 하고 있지요.

미래에는 이렇게 여러 분야를 전공한 학자들이 생명공학을 같이 연구하게 될 거예요. 그렇게 되려면 다른 분야도 어느 정도 이해할 수 있도록 미리 공부해 놓는 것이 좋겠지요? 앞으로 다가올 미래의 생명공학자에게는 이렇게 여러 과학 및 공학 분야에 대한 다양한 지식이 필요할 거예요. 공부하기 싫은 과목도 언젠가는 분명히 필요할 때가 올 것이니 꾹 참고 열심히 공부하는 것이 좋겠지요?

03

풍요로운 먹거리를 만든 생명공학

굶주림에서
벗어나게 해준

통일벼

의생명공학 기술은 우리가 병에 걸리지 않고 건강하게 살기 위해 필요한 기술이지요. 건강하게 살려면 병을 예방하고 병을 일찍 진단하는 기술, 병에 걸렸을 때 치료하는 기술도 필요하지만 몸에 좋은 건강한 음식을 섭취하는 것 역시 중요해요.

사실 우리나라를 비롯한 다른 선진국에는 먹을 음식이 부족해 고통받는 사람들이 그다지 많지 않아요. 그래서 유기농 농작물과 자연산 식재료를 골라서 먹는 것이 좋다고 생각하는 사람이 많지요. 생명공학 기술을 이용하여 대량생산 한 먹거리보다는 말이에요. 여러분의 부모님도 양식한 광어회보다는 자연산 광어회를 더 좋아하시지요?

광어를 양식하는 데에도, 연어를 인공수정 시켜서 양식장에서 키우는 데에도, 밭에서 옥수수를 기르는 데에도 모두 생명공학 기술이 이용돼요. 과거, 생명공학이 식품산업에 기여하지 않았다면 먹을 것이 모자라 많은 사람들이 살아남기 힘들었을 수도 있어요. 지금은 먹거리를 좀 더 싸고 간편하게 생산하기 위해 생명공학이 이용되지요.

여러분은 인터넷에서 옥수수, 바나나, 수박 등의 아주 오래전 모습을 찾아본 적이 있나요? 생명공학 기술인 품종개량을 통해 많은 농작물들이 훨씬 크고 맛있는 모습으로 바뀌었지요.

제가 어릴 때만 해도 통일벼라는 쌀 품종이 있었어요. 통일벼는 쌀 생산량이 기존의 쌀 품종에 비해 40퍼센트 가까이 높아서 쌀이 무척 부족하던 1960년대 우리나라에 큰 도움을 주었지요. 통일벼는 우리가 지금 먹는 쌀인 자포니카 품종과 동남아시아에서 많이 먹는 찰기가 없는 길쭉한 쌀인 인디카 품종의 잡종이에요. 여러분도 상식으로 알고 있듯이 서로 다른 두 생물종 간의 잡종은 자손을 남기지 못해요. 말과 당나귀의 잡종인 노새도, 사자와 호랑이의 잡종인 라이거, 타이곤도 새끼를 낳지 못하는 것을 아시지요? 통일벼는 인디카 품종과 자포니카 품종을 교배한 뒤 그것을 다시 인디카 품종과 교배하여 번식력을 회복시켜 탄생했지요. 당시 세계 종자 개량 역사에 있어서 획기적인 쾌거였어요. 쌀이 모자라 굶주리던 우리 국민을 구제하기 위해서 밤낮으로 노력하던 과학자들이 이룬 성과였지요.

1976년 우리나라는 드디어 쌀 자급자족에 성공했어요. 하지만 밥을 지으면 푸석푸석하고 맛이 없던 통일벼는 점점 인기가 떨어졌고 쌀이 풍족해진 지금은 아무도 통일벼를 찾지 않아요.

게다가 지금은 쌀 소비량이 떨어져서 오히려 쌀 소비를 장려하고 있는 현실이니 그동안 세상이 참 많이 변했지요? 1960년대에는 쌀을 아껴야 해서 쌀로 막걸리를 못 만들었는데, 요즘은 빵이나 과자를 만드는 데에도 쌀을 쓸 만큼 쌀이 흔한 시절이지요.

건강에
도움이 되는 기능을

추가한다고?

여러분은 TV를 자주 보나요? TV 채널을 돌리다 보면 여러 패널들이 나와서 '무슨 무슨 음식이 건강에 좋다.', '이런 저런 식재료를 먹어야 무병장수할 수 있다.'라고 이야기하는 프로그램들이 많이 있지요. 물론 TV 프로그램에서는 재미를 위해서 조금 과장해서 식품의 효과를 홍보하는 경향이 있기는 하지만 우리가 매일 섭취하는 음식이 건강에 적지 않은 영향을 미친다는 것은 틀림없는 사실이에요.

TV나 인터넷, 특히 유튜브 등에서 말하는 정보를 들으면 무엇이 맞는 것인지 혼란스러울 때가 많아요. 어떤 사람은 모든 음식을 골고루 먹는 것이 좋다고 하고, 또 다른 사람은 지방을 적게 먹는 것이 좋다고 하고, 또 탄수화물은 적게 지방은 많이(저탄고시) 섭취해야 건강에 유리하다고 주장하는 의견도 있지요. 도대체 무엇이 맞는 것일까요? 여기서 그 얘기를 하자면 너무 길어질 것 같으니 저는 성장기인 청소년은 골고루 잘 먹는 것이 가장 좋다는 정도로 마무리하고 다음 이야기로 넘어갈게요.

앞서 이야기한 대로 음식의 구성 성분 중 어느 것이 건강에 더 좋은가에 대해서는 서로 다른 의견이 있지만 대부분의 사람이 동의하는 것이 한 가지가 있어요. 동물성 지방에 주로 존재하는 포화지방이 식물성 지방의 주성분인 불포화지방에 비해 건강에 좋지 않다는 것이지요. 물론 포화지방이 무조건 우리 건강에 나쁘다는 것은 아니에요. 불포화지방에 비해서 많은 양을 섭취하였을 경우에 심장이나 혈관의 건강에 좋지 않을 수 있다는 것이지요.

하지만 식습관을 바꾸는 것은 아주 어려워요. 아무리 주변에서 채소를 많이 먹고, 튀긴 음식이나 붉은 고기의 섭취량을 줄이라는 이야기를 해도 '내일부터 하지 뭐….' 하면서 하루하루 미루는 경우가 많지요? 그래서 생명공학자들은 식습관을 굳이 바꾸지 않아도 사람들이 건강한 식사를 할 수 있도록, 기름의 원료가 되는 농작물에서 지방 합성 효소를 바꾸는 연구를 하고 있어요. 포화지방의 비율을 줄이고 불포화지방의 비율을 늘리는 것이지요. 지방의 주성분인 지방산 합성에 관여하는 효소 유전자를 유전공학

프라이드치킨까지 먹는다면 난 정말 돼지가 되겠지?
여기 살찌지 않는 프라이드치킨이 있어!
Cola
롯데토킹

기술로 조작하면 그런 것들이 가능하다고 해요. 여러분도 프라이드치킨 좋아하지요? 프라이드치킨에 사용되는 콩기름을 만들 때 사용하는 콩도 생명공학자들이 유전자 변형을 가해서 콩기름의 불포화지방 비율을 높일 수 있다고 해요.

이외에도 인간의 건강을 위해 여러 가지 기능을 포함한 기능성 작물이 개발되고 있어요. 여러분도 흑미나 현미를 가끔 먹지요? 흑미는 겉이 검은색을 띄는 쌀이고 현미는 도정을 적게 해 흰색보다는 갈색에 가까운 쌀이에요. 그런데 혹시 황금색이 나는 황금쌀에 대해 들어보았나요? 황금쌀은 우리 몸 안에서 비타민A를 만들기 위해 필요한 색소인 베타카로틴을 함유한 쌀이에요. 베타카로틴은 당근, 고추, 망고, 바나나 등 식물과 과일에 많이 존재하는 물질이지만, 이러한 신선한 채소나 과일을 충분히 섭취할 수 없는 지역에 사는 사람들에게 비타민A 결핍증을 해소해 줄 수 있는 쌀로 개발되었어요.

생명공학자들은 식물뿐 아니라 우리에게 먹거리를 제공하는 동물의 유전자도 인간의 편의를 위하여 변형했어요. 대표적인 예로, 인간에게 유익한 지방인 오메가3 지방산을 생산하는 돼지를 들 수 있어요. 이 돼지의 삼겹살을 먹으면 좀 더 건강한 식생활을 할 수 있을 것이라고 생각했던 것이에요. 또한 사람의 모유와 유사한 성분을 지닌 우유를 생산하는 젖소를 만들기 위해 사람의 유전자를 젖소에게 삽입하여 모유에 있는 단백질을 포함한 우유를 만들기도 했어요.

이렇게 생명공학으로 건강에 유익한 기능이 추가된 식품을 여러 가지 제조하기는 했지만, 실제로 시장에서 이런 제품이 인기를 끌 수 있느냐는 또 다른 문제예요. 유전자 조작 생물(GMO)이라면 반감을 가지는 소비자가 많기 때문이지요. 이렇게 생명공학을 이용하여 만들어낸 GMO는 여러 환경, 시민 단체들의 반대에 직면하고 있어요. 이러한 GMO의 찬반론에 대해서는 생각해 볼 것이 많으므로 나중에 다시 이야기하도록 하지요.

인류는 오랫동안

품종개량을
해왔다

찬반양론에도 불구하고 식품산업과 생명공학은 점점 불가분의 관계가 되어가고 있어요. 매일 우리의 식탁에 오르는 고기, 생선, 곡식, 채소 중 거의 대부분이 양식하거나 농장에서 여러 가지 처치를 하여 재배한 것이에요. 생명공학 기법으로 유전자를 조작한 식물과 육종(생물이 가진 유전적 성질을 이용해 새로운 품종을 만들어내는 것)을 통하여 종자를 개량한 식물도 사실 인위적으로 유전자를 개량했다는 점에서는 크게 다르다고 할 수 없어요. 또한 우리가 먹는 달걀, 닭고기, 소고기, 돼지고기, 양식으로 기른 생선 모두 생명공학 방법으로 개발한 항생제 등으로 처치가 되어 있는 경우가 많아요. 동물도 식물과 마찬가지로 종자 개량을 통해 건강한 개체만을 선별한 것이지요.

여러분은 고수를 좋아하나요? 베트남 쌀국수에 주로 넣는 독특한 향이 나는 향신채 말이에요. 싫어하는 분들이 있지만 무척 좋아하는 사람들도 있답니다. 저는 고수로 샐러드도 만들고, 살사 소스도 만들고, 심지어는 김치도 담가 먹을 만큼 좋아해요. 시장에서 파는 고수의 보존 기간은 그다지 길지 않아 집에서 화분에 고수를 직접 키우고 있지요.

그런데 어떤 해는 화분에서 고수가 아주 예쁘게 잘 자라는데, 영양분이 부족하거나 햇볕이 부족한 경우 고수의 잎사귀가 전혀 다른 모양으로 바뀌는 신기한 현상을 관찰했어요. 건강할 때는 고수에서 쑥갓의 잎사귀를 축소해 놓은 듯한 여러 갈래의 예쁜 잎사귀가 나오는데, 영양 상태가 안 좋으면 마치 코스모스의 잎사귀와 유사한 아주 가는 바늘 모양의 잎사귀로 변해요. 도저히 같은 식물이라고 생각할 수 없는 모양으로 바뀌지요.

고수만 그런 것은 아니에요. 식물은 생장 조건에 따라 잎이나 줄기의 모양이 아주 많이 바뀌는 경우가 있어요. 이러한 변화는 조건이 회복되면 다시 원상태로 돌아오지만, 어떤 때는 변화가 고착화되어 바뀌지 않는 경우도 있어요. 이런 경우에 모양이 변한 식물을 원래 모양을 가진 식물과 같은 종으로 보아야 할까요? 마치 동물로 치면 강아지와 병아리처럼 다른 모양으로 변한 식물 두 가지를 같은 씨앗에서 나왔다는 사실 하나로 같은 종이라고 부를 수 있을까요?

고수를 직접 본 적이 없어서 잘 공감이 안 간다고요? 그러면 좀 더 충격적인 사실을 알려드릴까요? 고수는 몰라도 양배추, 브로콜리, 방울다다기양배추, 콜라비, 콜리플라워, 콜라드, 케일 중 몇 개는 직접 먹어보았지요? 그런데 이들이 모두 같은 종의 식물이라면 믿으시겠어요? 이들 모두는 모양은 정말 다르지만 브라시카 올레라케아(Brassica oleracea)라는 한 종의 식물입니다.

인류는 브라시카 올레라케아를 수천 년 동안 재배해 왔어요. 우리나라 말로는 야생 겨자라고 하는데 야생 겨자는 여러분이 핫도그에 케첩과 같이 발라 먹는 머스터드를 만드는 그 겨자와는 달라요. 야생 겨자와 머스터드를 만드는 겨자는 아주 먼 친척이지만 야생 겨자와 양배추, 브로콜리, 콜라비 등과는 친척 정도가 아니라 같은 집안의 형제, 아니 쌍둥이라고 얘기해야 될 정도로 가까워요.

아삭아삭한 식감이 일품인 양배추, 데쳐 먹거나 수프로 끓여 먹는 브로콜리, 쓴맛이 강한 케일, 껍질을 깎아서 먹으면 단맛이 나는 콜라비는 모두 브라시카 올레라케아를 품종개량 해서 만든 거랍니다. 네? 뭐라고요? 이러한 품종개량은 생명공학이 아니라고요? 그렇지 않아요. 품종개량도 생명공학의 한 분야가 맞아요. 꼭

데굴
데굴
통통
힉
졸졸졸~

DNA를 실험실에서 조작하여 유전자 변형 작물을 만드는 것만 생명공학에 속하는 것은 아니지요. 유전자 변형은 기존 작물의 유전자 한두 개만을 개량하는 것이지만, 고전적인 품종개량은 유전자 수백수천 개를 개량하는 생명공학 기술이라 할 수 있어요.

물론 유전자 한두 개를 개량하는 품종개량은 수개월에서 1년 정도로 시간이 적게 걸리지만, 양배추와 콜리플라워의 개량은 수백수천 년 동안 이루어진 일이에요. 브라시카 올레라케아 중 꽃이 큰 개체만을 오랫동안 교배시켜 만든 것이 콜리플라워이고, 끝눈에서 나온 씨앗만 집중적으로 교배시킨 것이 양배추입니다. 잎이 발달한 개체들만을 교배시킨 결과로 생긴 것이 케일이고요.

식물만 품종개량이 되었을까요? 동물도 마찬가지죠. 개의 예를 들면 아주 작은 치와와부터 엄청나게 커서 조난된 사람을 구조하는 데 한몫하는 세인트버나드도 생김새는 완전히 다르지만 같은 종이지요. 참, 개와 늑대가 같은 종이라는 것은 알지요? 야생의 늑대를 인간이 기르기 시작하면서 품종개량이 되었고, 특정한 형질을 가진 개들만 교배시켜서 여러 가지 다양한 품종의 개를 만들어낸 거예요. 개뿐만 아니에요. 금붕어를 한번 검색해 보세요. 눈이 튀어나온 금붕어, 눈에 커다란 기포가 있는 금붕어, 혹이 커다랗게 달린 금붕어, 빨간 금붕어, 노란 금붕어 모두 다 야생 붕어와 같은 종이에요. 지금부터 1700년 전부터 중국에서 붕어의 돌연변이인 붉은 붕어를 교배시켜서 품종을 개량한 것이에요. 중국인들이 없었다면 아마 관상어들은 지금과는 완전히 다른 모습이었을지도 몰라요.

생명공학은 분자생물학과 유전공학이 발전한 극히 최근에 시작된 분야라고 오해할 수 있어요. 사실은 인류가 오랜 시간 동안 품종개량이라는 생명공학 기술을 사용하여 작물, 가축과 반려동물을 개량해 왔어요. 예전에 유전자와 유전공학을 모르던 시절에는 아주 오랜 시간 동안 교배를 통해 품종개량을 해왔다면, 현대에는 여러 유전공학 기술을 사용하여 짧은 시간에 원하는 대로 품종개량이 가능한 시대가 열리고 있어요. 그러니 생명공학자는 거의 인류의 역사만큼 오래된 직업이라고 해도 틀린 말은 아니겠지요?

위기의 지구를
부탁해

쓰레기 산에

파묻힌
사람들

'난지도'라는 섬에 대하여 들어보았나요? 여의도, 뚝섬과 마찬가지로 한강에 있던 작은 섬이었어요. 섬의 이름은 난초가 많다고 해서 난지도라고 지어졌다고 해요. 아주 아름다운 섬이었다고 하는데, 저는 이 섬이 아름다웠던 모습을 실제 본 적이 없어요. 오히려 난지도는 '쓰레기 산'이라는 인상을 가지고 있지요. 왜냐고요? 1960~1970년대 서울의 인구가 크게 늘면서 동시에 많은 쓰레기가 생겨났어요. 그러다가 1978년 난지도는 서울의 쓰레기 매립장으로 지정되었어요. 서울에서 나오는 온갖 종류의 쓰레기가 그곳에 매립되었지요.

그 후로 난지도는 어떻게 되었을까요? 거의 100미터에 육박하는 쓰레기 산으로 바뀌었어요. 어린 시절, 차를 타고 난지도 근처를 지나갈 때 나던 그 고약한 냄새를 지금도 잊을 수가 없어요. 여름에는 쓰레기 썩는 냄새 때문에 근처 주민들은 창문을 열지 못했다고 해요. 또 불에 타는 쓰레기를 난지도 소각장에서 태우기도 했는데, 그 연기와 미세먼지가 얼마나 심했을지 상상이 가나요?

1993년, 더 이상 난지도가 쓰레기를 쌓을 수 없는 지경에 이르자 난지도 쓰레기 매립지는 폐쇄되었고 쓰레기 더미 위에 흙을 덮어 월드컵공원을 조성했어요. 월드컵공원의 하나인 하늘공원에 가보셨나요? 하늘공원을 받치고 있는 언덕이 바로 쓰레기 산이지요. 지금도 하늘공원 아래에 묻힌 쓰레기 더미는 썩으면서 메테인을 뿜어내는데, 공원 측에서 이를 모아 에너지로 사용하고 있다고 해요. 오늘날 수도권 쓰레기 매립지 이전을 둘러싼 지역갈등이 생기고 있지요.

왜 갑자기 쓰레기 얘기를 하냐고요? 인간이 살아가면서 쓰레기는 어쩔 수 없이 계속 생겨나요. 이것을 줄이려면 재활용, 분리수거도 중요하지만 생명공학을 이용할 수도 있어요. 생명공학을 통해 쓰레기를 우리에게 유용할 수 있는 물질로 전환시키는 기술은 앞으로 점점 더 필요하게 될 거예요. 플라스틱 쓰레기에 대한 이야기를 들어본 적 있지요?

주니어 대학_생명공학

플라스틱 컵 하나가 분해되는 데 천 년 이상 걸린다는 의견도 있고 영원히 분해되지 않을 것이라고 이야기하는 과학자들도 많아요.

2020년, 우리나라 연구진이 플라스틱을 분해할 수 있는 식물성 플랑크톤을 개발했다는 논문이 나왔어요. 사실 플라스틱을 분해할 수 있는 효소를 가진 미생물은 이미 존재해요. '이데오넬라 사카이엔시스'라는 학명을 가진 박테리아예요. 우리나라 연구진은 이 박테리아의 플라스틱 분해 효소 유전자를 식물성플랑크톤으로 옮겨, 실제로 식물성플랑크톤이 페트병(폴리에틸렌 테레프탈레이트로 만들어진 플라스틱 병)을 분해하는 것을 관찰했어요.

사실 페트병은 지상보다 바다에서 더 큰 공해를 유발하고 있어요. 태평양에 한국 면적의 15배가 넘는 거대한 플라스틱 쓰레기 섬이 둥둥 떠다니고 있다는 사실을 아세요? 이 섬 위에서 플라스틱이 깨지고 부딪혀서 생겨나는 미세플라스틱이 큰 환경 문제를 일으키고 있어요. 해양생물인 물고기나 조개류의 몸에 미세플라스틱이 축적되면, 이를 섭취하는 사람의 몸으로 전달되어 호르몬 이상 등 여러 가지 질병을 일으킬 수 있다고 해요. 그러므로 바다의 미세플라스틱을 분해할 수 있는 식물성플랑크톤의 개발은 아주 시급하다고 할 수 있지요.

현재 이데오넬라 사카이엔시스의 플라스틱 분해 효소 유전자를 생명공학 기술로 개량하려는 시도가 아주 활발하게 이루어지고 있어요. 야생형 이데오넬라 사카이엔시스 박테리아는 사실 분해 능력이 아주 약해요. 0.2밀리미터 정도 두께의 말랑말랑한 플라스틱을 6주 정도 걸려서 분해할 수 있다고 해요. 페트병 같은 딱딱한 플라스틱을 분해하는 데는 3년 정도 걸린다고 하고요. 이러한 분해 기간을 단축하기 위해 분해 효소 유전자를 개량하려고 하는 것이지요. 어때요? '생명공학을 이용한 쓰레기의 분해.' 젊은 생명공학자가 사명감을 가지고 연구해 볼 만한 주제가 아닐까요?

생물정화란
무엇일까?

'생물정화'라는 말, 들어보았나요? 바이오레메디에이션(Bioremediation)을 번역한 말로, 생물을 이용해 환경을 정화한다는 뜻이에요. 앞에서 이야기한 생물에 의한 플라스틱 분해도 생물정화의 예라고 할 수 있지요. 사실 플라스틱 쓰레기도 해양생물의 생태를 위협하는 등 자연환경에 많은 피해를 끼치지만, 그보다 짧은 시간에 더 큰 피해를 입히는 환경오염도 많아요. 하나만 예를 들어볼까요?

2007년 우리나라 태안 앞바다에 역사상 최악의 유조선 원유 유출 사고가 일어났어요. 홍콩의 유조선 허베이 스피리트호와 삼성물산의 삼성1호가 충돌하면서 허베이 스피리트호 탱크에 있던

1만 2547킬로리터의 원유가 태안 인근의 바다로 쏟아진 엄청난 사건이지요. 1킬로리터는 1000리터예요. 얼마나 많은 양인지 감이 잘 오지 않는다면 여러분 집 욕실에 있는 욕조를 생각해 보세요. 그곳에 물을 꽉 채우면 약 250리터 정도 돼요. 그러니까 욕조에 꽉 채운 부피의 약 5만 배에 해당하는 원유가 바다에 쏟아진 것이지요. 여러분은 기름과 물이 잘 섞이지 않는다는 것을 알지요? 바다에 쏟아진 원유는 바다 표면에 얇게 퍼지면서 순식간에 태안 일대의 해안을 급습했어요.

결과는 어떻게 됐을까요? 아름다운 해변과 굴, 꽃게, 조개 등의 많은 수산물을 생산하는 태안 바닷가 일대가 모두 시커먼 원유에 덮이게 되었어요. 바다 표면이 기름으로 덮이니, 공기 중의 산소가 바닷물 속으로 녹아 들어갈 수 없게 되어 태안 인근 양식장의 모든 물고기와 조개류가 폐사했어요. 양식업에 종사하던 태안 사람들은 엄청난 피해를 입었지요. 피해는 태안에만 국한되지 않았어요. 파도에 의해 원유 찌꺼기는 전라남도, 제주도 북쪽까지 밀려갔어요. 전문가들 중에는 해양생태계가 원상 복귀 되려면 100년 이상이 걸린다는 의견을 내는 사람도 있었어요. 이렇게 원유 유출에 의해 오염된 해양환경을 정화하기 위해, 많은 자원봉사자들이 태안 현장으로 가서 일일이 바닷가 바위에 달라붙은 기름 찌꺼기를 닦아내었어요. 상상만 해도 너무나 힘든 작업이었겠지요?

생명공학자들은 이러한 기름 쓰레기 제거 과정을 미생물을 이용해서 할 수 있다는 아이디어를 냈어요. 과연 기름 쓰레기를 분해할 수 있는 미생물은 어떻게 발견되었을까요? 미국에서는 우리나라보다 50배 정도 더 많은 양의 원유가 바다로 유출된 사건이 있었어요. 2010년 미국 뉴올리언스 남쪽 해안에서 딥워터 호라이즌 회사의 석유 시추 시설이 폭발하여 우리나라 크기의 절반이 넘는 바다가 모두 기름으로 덮이는 엄청난 재앙이 일어났지요.

바닷속에서 계속 나오는 원유를 막을 길이 없어서 절망하던 사람들은 신기하게도 많은 원유가 저절로 없어지는 현상을 발견했어요. 바로 '알카니보락스'라는 미생물이 원유를 먹어서 제거한 것이었지요. 현재 많은 생명공학자들은 이 알카니보락스를 개량하여 좀 더 효과적으로 바다에 유출된 기름을 분해할 수 있는 기술을 개발하기 위해 힘쓰고 있어요. 알카니보락스의 유전자를 개량하거나, 비슷한 기름 분해 능력이 있는 다른 미생물과 같이 처리하는 방법을 이용하는 것이지요.

한편, 생물정화는 공장폐수의 유출 등에 의해 독성물질이나 중금속에 오염된 토양을 정화시키는 데도 사용돼요. 이때는 미생물 대신 주로 식물이 사용돼요. 오염지역에 특정 식물을 심은 뒤, 식물뿌리가 오염물질을 모두 흡수하면 이 식물을 안전한 곳에 폐기하는 것이지요. 물론 중금속 같은 오염물질을 재사용하고 싶은 경

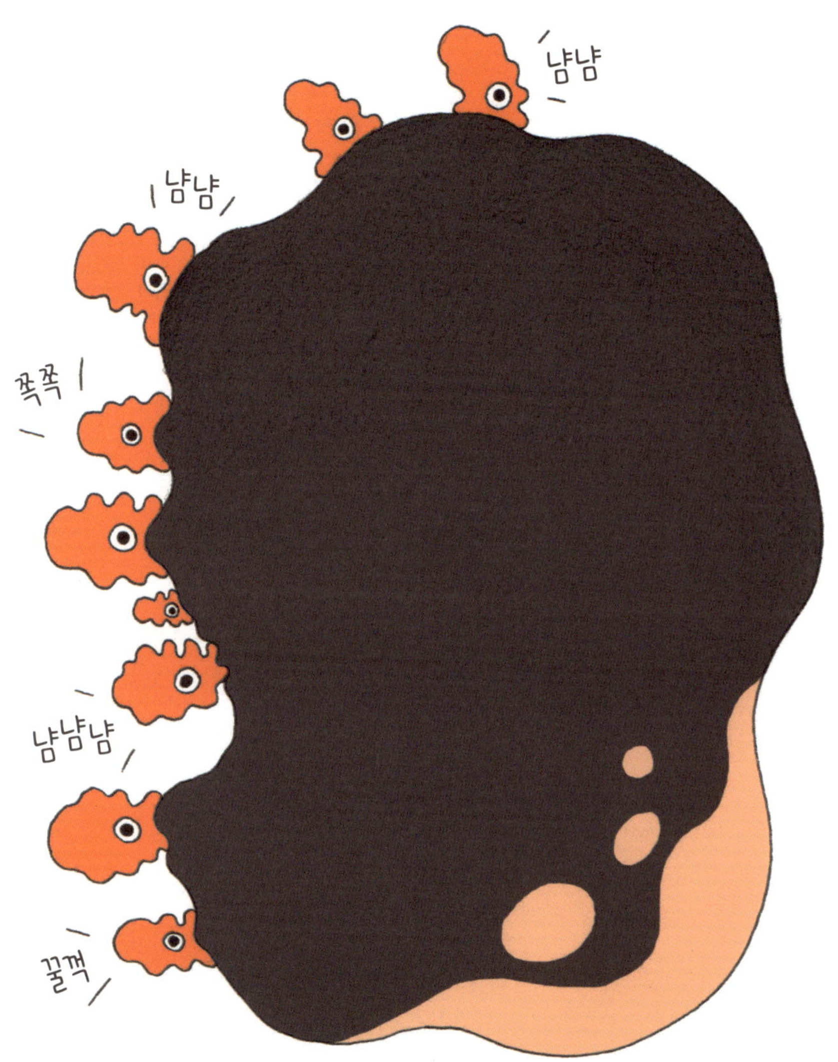

냠냠
냠냠
쪽쪽
냠냠냠
꿀꺽

우에는 식물의 조직으로부터 중금속을 재추출하여 사용할 수도 있어요. 또한 식물의 대사 과정을 이용하여 독성물질을 무해한 물질로 식물 세포 내에서 분해하는 방법을 사용하기도 하지요. 그런데 이런 경우에는 생물정화에 사용된 식물을 먹고사는 곤충에 의해 독성물질이 다시 생태계로 유입될 가능성이 있으므로 꼼꼼한 관리가 필요해요. 그렇기 때문에 생명공학자가 생태계와 환경에 대한 공부를 꼭 해야만 한답니다.

쓰레기에서

에너지를
얻는다고?

바이오매스(biomass)라는 말을 들어보았나요? 바이오매스가 생소하다면 바이오에너지(Bioenergy)라는 말은 어떤가요? 바이오매스는 넓은 개념으로 말하면 생물에서 유래된 물질이에요. 우리 인간과 다른 동물이 만들어내는 똥과 오줌, 동식물이 죽어서 생기는 사체 등을 모두 바이오매스라고 하지요. 넓은 의미에서는 오래전 선사시대에 살던 동식물이 죽어서 생긴 화석 연료인 석탄과 석유도 바이오매스라고 할 수 있어요. 하지만 일반적으로 바이오매스는 석탄이나 석유처럼 장기간 보존 가능하지 않고, 에너지원으로 재활용하지 않으면 환경오염을 일으키는 생물 유래 물질을 통틀어 가리켜요. 그러니까 바이오에너지를 얻을 수 있는 생물 유래 폐기물, 즉 생물 쓰레기를 바이오매스라고 부른다고 생각하면 쉬워요. 바이오매스, 바이오에너지라는 말이 만들어지기도 전에 우리나라에서는 소똥이나 말똥을 말려서 땔감 대신 사용했어요. 이것이 바로 바이오매스를 이용한 바이오에너지 생산의 좋은 예지요.

음식물 쓰레기를 버려본 적 있나요? 아주 하기 싫은 일 중 하나지요? 더욱이 더운 날씨에는 하루만 방치해도 음식물 쓰레기가 상해 아주 고약한 냄새가 나서 처리하기가 참 난감하지요. 혹시 겨울에 음식물 쓰레기를 버려본 적이 있나요? 날씨는 추운데 오히려 음식물 쓰레기가 따뜻하게 느껴지지 않았나요? 음식물 쓰레기에서 열이 나오는 이유는 음식물 쓰레기의 큰 분자들이 작은 분자로 분해되면서 열에너지가 발생하기 때문이에요. 대표적인 가정 부산물 바이오매스인 음식물 쓰레기도 바이오에너지로 이용할 수 있지 않을까요?

2017년의 세계적인 통계를 보면 바이오매스 중 가장 많이 이용되는 것은 임산 연료, 즉 나무에서 온 목재, 목재 부스러기, 펄프와 제지 공장 부산물 등이에요. 인간이 이용하는 바이오매스 에너지 중 3분의 2 정도가 임산 연료이지요. 가축 부산물, 농업 부산물 등이 10퍼센트 정도이고 도시에서 버려지는 폐기물이나 쓰레기 매립지에서 나오는 가스를 이용하는 경우는 전체 바이오에너

오, 약간
따뜻한 거
같기도 하고.
음식물 쓰레기

지 이용량의 3퍼센트 정도밖에 되지 않아요. 그러니까 달리 생각하면 음식물 쓰레기를 포함한 도시 폐기물을 바이오에너지로 쓸 수 있는 가능성이 큰 것이지요.

실제로 많은 생명공학자들이 농축산 부산물, 음식물 쓰레기 등을 생명공학 기술을 이용하여 효과적으로 바이오에너지로 전환하려는 시도를 하고 있어요. 바이오디젤, 바이오에탄올, 바이오가솔린에 대하여 들어보았나요? 이것들은 천덕꾸러기 쓰레기 취급을 받던 바이오매스로부터 유용한 연료로 재탄생한 바이오에너지예요. 자동차 연료는 물론 공장이나 주거지역에 공급하기 위한 연료로도 사용될 수 있지요. 자동차에 넣는 휘발유를 대체할 수 있는 바이오에너지로 바이오에탄올과 바이오부탄올도 사용되고 있어요.

생명공학자들은 미생물의 발효에 의하여 생성되는 바이오에탄올과 바이오부탄올의 생산효율을 높이기 위해 미생물의 발효과정을 담당하는 유전자를 조작하는 실험을 하고 있어요. 2013년 우리나라의 생명공학자들은 가장 흔한 박테리아의 일종인 대장균의 유전자를 조작해서 휘발유의 성분과 유사한 바이오가솔린을 만들 수 있다는 논문을 냈어요. 대장균은 아무 바이오매스만 있

어도 잘 자랄 수 있기 때문에, 이 방법이 상용화되면 아주 저렴하
게 온갖 바이오매스 폐기물로부터 유용한 휘발유 대체물질을 만
들어낼 수 있겠지요. 하지만 아직은 바이오가솔린의 생산효율이
적어 상업화할 만한 단계에는 이르지 못했어요. 미래의 생명공학
자들이 연구할 만한 중요한 과제가 하나 더 생겼지요?

무서운
생명공학은
양날의 칼

실험실에서

바이러스가
유출되면?

이 장의 제목은 '무서운 생명공학은 양날의 칼'입니다. 무서운 생명공학이라니, 제목이 이상하지요? 생명공학은 인간의 생활을 이롭게 하기 위해 생명과학의 기술을 이용하는 방법을 배우는 학문인데, 어째서 무섭다고 표현한 것일까요?

사실 생명공학 기술은 양날의 칼과 같습니다. 잘못 사용하면 칼을 든 사람마저도 다치게 할 수 있지요. 그래서 생명공학을 연구하는 저와 같은 연구자의 실험실에는 일반인들이 출입할 수 없도록 엄격한 규정이 있어요. 또 저와 제 실험실의 대학원생이나 연구원들도 주기적으로 연구 관련 안전교육을 받도록 되어 있어요. 그러한 교육을 마치지 못하면 실험실에서 연구를 할 수 없지요.

그렇다면 무엇이 위험하다는 것일까요? 영화에서 많이 보았을 거예요. 화석에서 뽑아낸 DNA로 만들어낸 공룡이 구경하러 온 사람들을 해치는 장면, 실험실에서 만들어낸 병균이 밖으로 유출되어 많은 사람들을 감염시켜 위험을 초래하는 모습, 부주의한 과학자가 자기가 만들어낸 바이러스에 감염되어 괴물로 변하는 광경들을 한 번쯤은 보았지요? 실제로 이러한 일이 실험실에서 일어날 수 있을까요?

답은 '그럴 수도 있다.'입니다. 물론 영화에 나오는 장면은 많이 과장되어 있어요. 봉준호 감독의 영화 「괴물」처럼 한강에 방류한 화학약품이 한강에 살고 있는 생물에 돌연변이를 일으켜 괴물이 만들어질 확률은 거의 없어요. 게다가 영화 「쥐라기 월드」처럼 과학자들이 여러 동물의 유전자를 합쳐 새로운 공룡을 만들어낼 수 있는 기술은 아직 존재하지 않아요. 영화적 상상력일 뿐이지요. 하지만 생명공학 실험실에서 연구원들이 자주 사용하는 유전자 변형 생물체들이 실험실 밖으로 노출되었을 경우, 생태계의 구성원인 우리 주변의 동식물과 인간에게 나쁜 영향을 줄 가능성은 있어요. 증거가 없는 괴담에 불과하지만 우리 사회를 완전히 바꾸어 놓았던 코로나바이러스도 실험실에서 잘못 유출된 것이라고 주장하는 사람도 있지요.

생명공학 실험실에서는 조작된 유전자를 가지고 있는 바이러스

Qototot

나 세균이 있어요. 제 연구실도 마찬가지지요. 유전자 조작을 위해 사용하는 세균은 우리 주변에서 흔히 볼 수 있는 대장균을 사용하기 때문에 크게 위험하지 않지만, 바이러스의 경우는 연구자를 감염시킬 가능성도 있기 때문에 아주 조심하면서 실험하고 있어요. 물론 실험 기구도 세척제 등으로 깨끗하게 세척하기 때문에 바이러스가 실험실 밖으로 새어 나가 무고한 시민을 감염시킬 확률은 없다고 할 수 있지요.

점점 더 강력한 실험 기법들이 개발될수록 그 실험 기술을 보완하고 안전하게 관리하기 위한 각종 규제 및 법령들도 더 많이 생겨나고 있어요.

생명공학을 둘러싼
찬반론,

어떻게 생각해?

지금까지 이 책을 읽어가면서 여러분은 생명공학에 대하여 어떤 생각이 들었나요? 생명공학은 미래의 인류에게 여러 가지 새로운 가치를 창출해 줄 수 있는 아주 재미있는 마술과 같은 기술이라고 생각되었나요? 아니면 올바르게 조절되지 않으면 인류의 미래를 위협할 수 있는 위험한 학문이라고 여겨졌나요? 사실 생명공학에 대한 찬반 논쟁은 아직도 사람들 사이에 끊이지 않아요.

먼저 의생명공학에 대한 사람들의 여러 가지 의견에 대하여 알아볼까요? 의생명공학은 물론 인간의 건강을 증진시켜 건강하게 오래오래 살 수 있는 방법을 탐구하는 학문이지요. 그런데 왜 의

생명공학 기술의 발전에 회의적인 사람들이 있을까요? 여러분은 '모르는 것이 약'이라는 이야기를 들어보았나요? 요즘 여러 가지 질병의 조기진단 기술이 발전하면서 예전에는 발견할 수 없었던 질병도 조기에 발견되고 있어요. 물론 대부분의 질병은 빨리 진단해서 치료가 빠르면 빠를수록 좋아요. 하지만 어떤 질병은 오히려 본의 아니게 빨리 알려져서 환자의 마음에 큰 상처만 남기는 경우도 있답니다.

우리나라에서 갑상선암의 진단이 너무 많이 이루어지고 있다는 이야기를 들어본 적이 있나요? 어떤 갑상선암은 크기가 너무 작고 앞으로 큰 악성종양으로 발전할 가능성이 거의 없음에도 불구하고 수술로 제거하는 과잉 진료를 하던 시절이 있었어요. 당시에 우리나라는 세계에서 갑상선암이 가장 많이 발병한 국가로 알려졌어요. 암 건강검진을 통해 발견한 수술할 필요가 없을 정도로 작은 암까지 수술로 제거했기 때문이지요. 그래서 십 년 만에 갑상선암 환자가 열 배 이상 늘어나는 이상한 결과가 나타났지요.

초음파진단과 같은 조기진단 기술이 없었다면, 아마 암환자로 확진받지 않고 평생 건강하게 살았을 사람들도 많았을 거예요. 예전 같으면 암이라고 분류하지도 않았을 작은 종양 덩어리 하나 때문에 자신이 암환자라는 정신적 굴레를 쓰고 마음고생하며 사는 경우도 많이 있지요. 과잉 진단이 없었더라면 이런 일은 생기지 않았을 수도 있지요.

또 다른 예로 유전자 검사가 있어요. 기존의 많은 환자들에게서 얻은 유전자 빅데이터를 바탕으로 개인의 유전자 검사를 해서 질병에 걸릴 확률 등을 예측해서 알려주는 것이에요. 예를 들어 볼게요.

"의뢰하신 분의 유전자를 분석해 본 결과, 만 75세가 되면 ○○암 발병 확률이 15퍼센트로 같은 나이의 남자 평균 14.2퍼센트에 비해서 0.8퍼센트 높습니다. 또한 80살이 넘어 치매가 발병할 확률도 같은 나이의 남자 평균보다 0.2퍼센트 높습니다. 평소에 암과 치매에 걸리지 않도록 조심하세요."

위와 같은 유전자 검사 결과를 어떤 사람이 듣게 되는 거예요. 물론 통계적으로 의미가 있는 수치만을 알려주는 것이지만, 평균과 크게 차이가 나지 않는 정도의 수치는 저라면 오히려 모르는 것이 마음이 편할 것 같아요. 개인마다 차이가 있을 수 있겠지만요.

미국의 유명한 여배우는 유전자 검사를 한 후 유방암에 걸릴 확률이 87퍼센트나 된다는 것을 알고 암도 걸리기 전에 미리 양쪽 유방을 모두 절제한 일도 있어요. 물론 병에 걸릴 확률이 무척 높아서 선택한 결과이겠지만 모든 사람들이 다 이렇게 결정하기는 어렵겠지요.

의생명공학의 발전이 인간의 평균수명을 늘리고 인류를 예전보다 행복하게 한 것은 부정할 수 없는 사실이에요. 각종 전염병에 대한 예방접종이 없었다면 많은 사람들이 제명대로 살지 못했을 것이고, 앞에서 이야기했던 암 면역 치료법 같은 것도 말기 암환자의 생명을 연장시키는 데 큰 역할을 하고 있어요.

하지만 여러분이 생각해야 할 문제가 더 있어요. 우리나라에서도 암환자들을 위한 항체 치료와 같은 것들은 보험 적용이 되지 않아서 큰 사회적 문제가 되고 있어요. 의료보험의 혜택을 받지 못하면 일 년에 치료비가 몇천 만 원 이상 들어서 많은 환자들이 치료를 포기할 수 있다는 것이지요. 치료비가 없어 좋은 치료법이 있는데도 혜택을 받지 못하는 환자나 가족의 입장에서는 의생명공학의 발전에 따른 치료법의 개발이 오히려 큰 박탈감을 느끼게 하지 않을까요? 미래를 살아갈 여러분은 한정된 의료 자원을 보편적인 국민 전체의 이익을 위해 현명하게 나누는 방법에 대해 더 많은 고민을 해보아야 할 거예요.

그러면 이번에는 식품생명공학에 대한 사람들의 의견을 알아볼까요? 유전자 조작 생물(GMO)에 대해서는 아직도 많은 사람들이 편을 나누어 찬반론을 펼치고 있어요. 찬성하는 쪽도, 반대하는 쪽도 모두 그럴듯한 실험 결과를 바탕으로 설명하고 있지요. GMO를 반대하는 쪽에서 하는 주된 주장의 근거는 인공보다는 자연물이 좋다는 것이지요. 사람이 인위적으로 유전자를 조작해

 주니어 대학_생명공학

80살 넘어 치매 발병 확률이 같은 남자 평균보다 0.2퍼센트 높아요.
으엉엉엉엉~
그래도 미리 알게 됐으니 지금부터 대비하면 좋겠죠?
아!

서 실험실에서 만들어낸 작물은 무언가 인공적인 조작이 포함되어 있으므로 위험할 가능성이 있다는 것이에요. 반대로 찬성하는 쪽은 충분한 안정성 테스트를 통과하였으므로 위험할 것이 없다고 주장하고 있어요.

우리나라에도 많은 GMO 식품이 유통되고 있어요. 마트에서 팔리는 콩기름, 옥수수기름 등은 거의 100퍼센트 GMO 작물에서 만든 것이에요. GMO 식품을 불편하게 생각하는 소비자는 GMO 작물에서 만들어진 것이 아닌 포도씨기름이나 해바라기씨기름을 대신 사용하기도 하지요.

저와 의견이 다른 사람들도 있지만, 저는 적어도 DNA나 단백질이 포함되지 않은 식용유는 GMO 작물에서 뽑은 기름을 사용해도 별문제가 없을 것이라고 생각해요. DNA는 유전자조작에 의해 직접 변하게 되고, 유전자 암호(DNA의 염기 서열이 mRNA의 염기 서열을 거쳐 단백질을 이루는 아미노산으로 번역될 때 쓰이는 암호)에 의해서 만들어지는 단백질은 유전자조작에 의해 성분이 바뀔 수 있어요. 하지만 기름 성분에는 변화가 없기 때문이지요. 아, 물론 앞에서 이야기한 것과 같이 불포화지방의 함량이 높아지도록 조작한 작물의 경우는 좀 다를 수 있지만, 불포화지방, 포화지방 모두 자연계에 존재하는 것이므로 큰 차이는 없다고 생각해요.

또한 식품에 인공, 합성, 화학 등의 단어가 들어가면 흔히들 거부감을 느끼는 경우가 많아요. 화학조미료라고 불리는 MSG도 사실 미생물을 이용한 발효 과정을 통해서 만든 것을 정제한 것이에요. 우리 몸 안에서 단백질을 만드는 데 쓰이는 20가지 아미노산 중의 하나이기 때문에 사실 합성 조미료나 천연 조미료나 차이는 없어요. 자연적인 감칠맛을 내는 토마토나 치즈에 들어있는 MSG와 공장에서 미생물 발효를 통해 얻어서 분리한 MSG는 완전히 똑같답니다.

더 높은
윤리의식이

필요해

지금까지 살펴본 바와 같이 생명공학은 인류의 건강 증진과 행복을 위한 학문이지만, 우리의 생명과 직결된 기술을 다루기 때문에 생명공학자들이 생명공학 기술을 다루는 데 주의를 기울일 필요가 있고 관련 기관들의 규제가 필요해요. 그러므로 앞에서 이야기하였듯이 생명공학자들은 끊임없이 안전 및 윤리교육을 받아야 해요. 앞에서는 안전교육만 이야기했지만 윤리교육도 중요한 이유는 유전자조작 등의 기술을 인간 수정란에 무절제하게 사용하였을 경우 심각한 문제를 일으킬 수 있기 때문이에요. 아직 유전자 편집 기술이 완벽하게 제어되지 않아서 의도하지 않은 위치의 유전자를 변형시킬 수도 있어요. 또 성인의 세포에 비해 수정란은 DNA가 손상되었을 때 복구되는 기능이 취약해서 유전자가 손상된 개체로 발생될 위험도 있지요.

요즘은 동물의 권리에 대해서 목소리를 높이는 사람들이 많아요. 동물을 이용한 생명공학 실험이 예전처럼 허가를 얻기가 쉽지 않아졌지요. 제가 생쥐 30마리를 이용한 실험을 진행하겠다고 실험 계획서를 내면 수의사 출신 과학자, 사회운동가, 종교인 등을 포함한 여러 심사 위원이 저의 실험 계획서를 심사해서 허가 여부를 결정해요. 가능하면 실험동물에 주는 고통을 최소화하고 너무 많은 수의 실험동물을 사용하지 말라는 지적을 많이 받았어요.

사실 생명공학 실험 결과를 좋은 논문으로 만들려면 통계적으로 의미가 있는 데이터를 사용해야 하기 때문에 동물실험에 사용하는 실험동물의 마릿수는 많은 것이 좋아요. 하지만 함께 사는 사회의 합의가 없다면 좋은 연구도 없다는 생각으로 저는 실험 계획서 심사 위원의 의견을 따랐어요. 생명공학의 발전을 위해 실험동물의 희생은 어느 정도 필요하겠지만 현명한 과학자는 타협을 하는 방법도 배워야 한다고 생각해요. 최근에는 동물을 사용하지 않고 실험할 수 있는 오가노이드 기법 같은 것이 많이 개발되었어요. 오가노이드에 대해서는 3부에서 다루도록 하지요.

생명공학 기술은 생명체를 조작하여 우리 인간의 편의를 도모해 주지만, 적절하게 관리하지 않으면 우리에게 위험한 결과를 초래할 수도 있어요. 하루가 다르게 과학기술이 발전하는 지금, 이 책을 읽는 학생들이 현장에서 생명공학을 연구할 때가 되면 얼마나 더 대단하고 위험할 수도 있는 생명공학 기술들이 생겨나게 될지 저도 감이 잘 안 와요. 제가 외국에서 한참 연구하던 20여 년 전에는 인간의 유전체 30억 염기쌍의 염기 서열을 모두 분석하는 데에 1000억 원 정도가 필요했어요. 불과 20년이 지난 지금은 100만 원 정도의 비용만 있으면 같은 실험을 할 수 있어요. 원가가 절감된 만큼 생명공학 관련 데이터가 쌓이는 속도도 빨라졌고 생명공학 관련 기술의 개발도 눈부시게 발전하고 있어요.

더 크고 날카로운 생명공학 기술의 칼날을 손에 쥐게 될 미래의 생명공학자들에게는 더 큰 책임감과 윤리의식이 필요하겠지요? 그래서 미래의 생명공학자를 꿈꾸는 학생들이라면 사회과학이나 과학철학, 윤리학 들도 공부하여 과학자의 사회적 책임을 배우는 것이 중요해요.

생명공학자로서 저는 이렇게 생각해요. 인간은 자신들이 개발한 생명공학 기술로 자연의 다른 생물들의 유전자를 변형하여 인간에게 유익한 성질을 가진 생명체를 만들어낼 능력을 가지게 되었어요. 인간만이 가지고 있는 지적 능력, 도덕심, 공감 능력 등은 인류와 자연을 위해 생명공학을 책임감 있게 사용할 수 있도록 하기 위하여 부여받은 것들이 아닐까요?

2부

—

생명공학의
거장들

01

현대
유전공학의 창시자
스탠리 코헨

기초의학자의
길을

가겠어

　　'유전공학(genetic engineering)'이라는 말을 처음으로 사용한 사람은 누구일까요? 유전공학이라는 단어를 1970년대 세계에서 최초로 학계에 도입한 사람은 미국 스탠퍼드대학교 의과대학의 교수인 스탠리 코헨(1922~2020)입니다. 스탠리 코헨은 1960년에 미국 펜실베이니아대학교 의과대학을 졸업한 후, 미국국립보건원에서 기초의학 연구를 하면서 생명공학에 관심을 가지게 되었어요. 그래서 환자를 보는 의사가 되는 대신 생명공학 연구에 종사하기로 결심하지요. 스탠리 코헨은 1968년 스탠퍼드대학교 의과대학의 교수직을 수락하고 생명공학이라고 부를 수 있는 연구를 시작했지요.

스탠리 코헨이 대학 동기들처럼 환자를 직접 진료하는 임상의사의 길을 택했다면 전 세계 유전공학의 발전은 훨씬 뒤처졌을 수도 있어요. 임상의사가 되어 환자의 생명을 살리는 것도 중요하지만, 기초과학을 전공하는 의사가 되어 새로운 의생명공학 기술을 개발한다면 전 세계의 훨씬 더 많은 환자들의 생명을 살리는 일도 가능하지요. 실제로 스탠리 코헨이 세계 최초로 발명한 유전공학 기술은 인간의 혈당을 조절하는 호르몬인 인슐린을 유전공학적인 방법으로 생산할 수 있는 초석이 되었어요. 수많은 당뇨병 환자의 생명을 살릴 원천기술을 만든 것이지요. 만약 여러분이 훗날 의과대학에 진학하여 의사가 되더라도, 꼭 병원에서 환자를 직접 보는 임상의사 말고도 기초의학을 전공할 수 있다는 것을 알아두세요.

자, 이제부터 스탠리 코헨 교수가 세계 최초의 유전공학 실험을 하게 된 과정을 알아볼까요? 스탠퍼드대학교 의과대학의 교수로 자리 잡은 스탠리 코헨은 '플라스미드'에 관심을 가지게 되었어요. 1부에서 플라스미드는 박테리아가 가지고 있는 원형의 조그만 DNA 조각이라는 것을 배웠지요? 실제로 박테리아 안에서의 플라스미드는 동그란 원형은 아니에요. 마치 원형의 고무 밴드를 손바닥으로 배배 꼰 듯한 모양을 하고 있지요. 플라스미드는 박테리아가 자신의 염색체에 존재하는 유전자 이외에 더 많은 유전자를

주니어 대학_생명공학

가지고 싶을 때 추가로 얻게 되는 DNA조각이에요.

스탠리 코헨은 의사로서 항생제에 저항성을 지니는 병원성 박테리아 때문에 고생하는 환자에 대한 걱정이 많았어요. 항생제에 저항성을 가지는 병원성 박테리아가 출현하면 환자에게 항생제를 처방해도 그 박테리아를 물리칠 수 없어서 환자가 위험에 처하기 때문이지요.

스탠리 코헨이 플라스미드에 관심을 가지게 된 이유는 플라스미드에 대한 연구가 유전자 기초연구를 통해 항생제 저항을 해결할 수 있다고 생각했기 때문이에요. 플라스미드는 박테리아에게 항생제 저항성(미생물이 항생제에 노출되어도 생존할 수 있는 능력)을 부여해요.

자, 그럼 코헨은 이런 문제를 해결하기 위해 플라스미드 연구를 어떻게 이용했을까요? 차근차근 알아보도록 하지요.

이 유전자 조각은 어디를
잘라서 넣는 게 좋을까?

플라스미드를
이용해

단백질을 만든다면?

스탠리 코헨은 플라스미드가 박테리아에게 항생제 저항성을 주는 메커니즘을 다른 용도로 이용할 수 없을까 생각했어요. 아, 플라스미드가 도대체 어떤 방법으로 항생제가 존재할 때도 박테리아를 살아남게 하느냐고요?

플라스미드는 DNA로 이루어져 있다고 얘기했었지요? 플라스미드의 DNA에는 특정한 단백질을 만들기 위한 유전정보가 들어 있어요. 예를 들어 항생제 암피실린에 저항성을 부여하는 플라스미드는 '베타락타메이즈'라는 단백질 효소를 만들어내는 유전정보를 가지고 있어요. 그렇기 때문에 암피실린 저항성 플라스미드를 가지고 있는 박테리아는 베타락타메이즈 효소를 만들어낼 수 있지요. 베타락타메이즈는 바로 항생제 암피실린을 분해하여 무력화시키기 때문에, 항생제 암피실린이 박테리아에게 처리되어도 이 플라스미드를 가지고 있는 박테리아는 살아남을 수 있는 것이에요.

스탠리 코헨은 플라스미드 위의 유전자가 박테리아 세포 안에서 단백질을 만들어내는 과정에 주목했어요. '항생제를 분해하는 효소뿐 아니라 우리가 원하는 다른 단백질도, 유전자만 플라스미드 안에 넣을 수 있으면 박테리아에서 만들어낼 수 있지 않을까?'라는 아무도 상상하지 못했던 아주 기발한 생각을 한 것이지요.

사실 저는 수십 년 동안 플라스미드를 이용해서 단백질을 만드는 실험을 해왔기 때문에 이런 코헨의 생각은 '너무나 당연한 생각'이에요.

그런데 왜 그 '너무나 당연한 생각'이 1970년대에는 '아무도 상상하지 못했던 아주 기발한 생각'이었을까요? 한번 살펴보지요.

플라스미드에 원하는 유전자를 넣으려면 세 가지 기술을 사용하면 되어요. 첫 번째는 플라스미드 안에 원하는 유전자를 넣기 위해 플라스미드를 자르는 기술이고, 두 번째는 잘라진 플라스미드 안에 원하는 유전자를 넣고 다시 붙이는 기술이에요. 마지막 세 번째는 원하는 유전자가 들어간 플라스미드를 다시 박테리아 세포 안으로 넣는 기술이지요. 저는 이러한 세 기술을 실험 교과

서를 통해 배워서 너무나 잘 알고 있지만, 1970년대의 스탠리 코헨은 이러한 사실을 알 도리가 없었어요. 그래서 이 과정 자체가 난제였지요.

이 세 가지 난제 중 세 번째는 스탠리 코헨 교수 연구실의 대학원생이던 레슬리 슈가 해결했어요. 박테리아에게 염화칼슘을 가하면 박테리아 세포에 작은 구멍이 뚫려 외부의 플라스미드가 들어갈 수 있다는 것을 발견한 것이에요. 세상 대부분의 일이 그렇듯, 과학 연구도 여러 사람이 서로 협력하고 생각을 나누면서 발전하는 경우가 많아요.

스탠리 코헨은 또 다른 난제도 다른 연구자와의 토의를 통하여 해결했어요. 스탠리 코헨은 1972년 하와이에서 있었던 학회에서 허버트 보이어 교수의 강연을 듣게 되었어요. 허버트 보이어는 '제한효소'라는 DNA를 자르는 효소를 전공하는 생화학자였어요. 허버트 보이어의 제한효소 강연이 있던 그날 저녁, 스탠리 코헨과 허버트 보이어는 역사적인 만남을 가지게 되지요. 두 사람은 레스토랑 냅킨에 메모를 적어가며 최초의 유전공학 실험을 성공시키기 위한 준비를 착착 진행하기 시작했어요.

보이어 박사,
먹으면서
하자고요.
그럽시다,
코헨 박사.

마침내

DNA 재조합 기술을
개발하다

1973년, 스탠리 코헨은 자신이 만든 새로운 플라스미드 'pSC101'을 허버트 보이어가 대장균에서 뽑아낸 제한효소 'EcoRI'를 이용하여 자르는 실험에 성공했어요.(pSC101의 'S'는 스탠리의 S이고 'C'는 코헨의 C예요. 101은 처음이라는 의미에서 붙인 이름이지요.) 두 사람의 실험과정은 이랬어요. 스탠퍼드대학교의 스탠리 코헨 연구팀이 박테리아에서 플라스미드를 뽑아 캘리포니아주립대학의 허버트 보이어 연구팀으로 보내면, 연구원이 EcoRI 제한효소로 플라스미드를 잘라 다시 스탠퍼드대학교로 보냈어요. 그러면 코헨 연구팀에서는 잘린 플라스미드를 붙여서 다시 박테리아 안으로 집어넣었지요. 연구 재료가 한 대학에서 다른 대학으로 왔다 갔다 하면서 아주 복잡하게 실험을 진행한 거예요.

　이들이 실험에 사용한 EcoRI 제한효소는 제 실험실에서도 대학원생들이 적어도 일주일에 한 번은 플라스미드를 자르기 위해서 사용하고 있어요. 저희 대학원생들은 한 시간 정도가 소요되는 아주 간단한 실험을 통해 박테리아에서 플라스미드를 뽑아낼 수 있지요. 역시 추가로 한 시간 정도 실험을 하면 제한효소로 플라스미드를 자를 수 있어요. 다시 두 시간 정도의 실험을 더 하면 플라스미드를 다시 박테리아 안으로 넣을 수 있지요. 오늘날에는 단 하루 만에 스탠리 코헨과 허버트 보이어의 실험을 마칠 수 있지요. 이 모두가 스탠리 코헨과 허버트 보이어가 이러한 유전공학 실험의 기초를 단단히 다져놓았기에 가능한 일이에요.

　스탠리 코헨은 점점 더 복잡한 실험으로 나아갔어요. 플라스미드에 담긴 유전자를 한 박테리아에서 다른 종류의 박테리아로 옮겼지요. 개구리의 DNA를 EcoRI 제한효소로 잘라, 같은 EcoRI 제한효소로 자른 플라스미드에 옮겨 넣었어요. 같은 종류의 제한효소로 잘린 DNA 조각은 잘린 부분이 똑같이 생겼기 때문에 DNA를 이어 붙여주는 효소를 처리하면 서로 붙을 수 있거든요. 개구리의 DNA를 가진 플라스미드를 다시 박테리아 안으로 주입하고, 박테리아 안에서 개구리의 유전자를 확인할 수 있었어요. 고등동물의 DNA를 박테리아 안으로 도입한 아주 혁명적인 실험 결과였지요.

개구리의 DNA뿐 아니라 사람의 유전자도 박테리아 안에 넣을 수 있다는 사실을 떠올린 스탠리 코헨은 유전공학 기술의 무한한 발전 가능성을 깨닫고, 허버트 보이어와 함께 유전공학 DNA 재조합 기술을 특허출원했어요. 사람에게 필요한 단백질이나 호르몬을 이러한 유전공학 방법으로 생산하면 난치병 치료에 이용할 수 있기 때문이지요. 1980년에 등록된 이 특허는 유전공학 분야에서 등록된 첫 번째 특허랍니다. 스탠퍼드대학교 역사상 두 번째로 많은 특허 사용료를 거두어 들였어요. 이 특허의 건당 사용료는 그렇게 비싸지 않았어요. 하지만 이 역사적인 유전공학 실험이 성공한 이후로 아주 많은 학교와 회사의 연구진들이 유전공학 연구에 뛰어들었기 때문에 특허 사용료를 많이 모을 수 있었던 것이지요.

스탠리 코헨의 특허 이후로 그전까지는 탁상공론으로만 여겨졌던 유전공학이 많은 돈을 벌 수 있는 사업으로 알려져 투자가 활발하게 이루어졌어요. 그 이후로는 여러분이 잘 아시는 대로 유전공학과 생명공학이 엄청나게 발전했지요. 미운 오리 새끼가 황금 알을 낳는 거위가 된 것이지요. 우리나라의 경우에도 주식시장을 이끄는 회사 중 생명공학 관련 회사들이 아주 많아요. 이것은 모두 생명공학의 엄청난 잠재력 때문이에요.

스탠리 코헨은 2012년에 우리나라를 방문했어요. 대덕연구단지의 생명공학 연구원에서 초청 강연을 하기 위해 왔지요. 스탠리 코헨은 특강에서 다음과 같이 이야기했어요.

"미래에 어떤 연구가 첨단 과학을 주도하게 될지 어떠한 새로운 분야가 각광을 받게 될지 예측하는 것은 너무 어려워요. 그러므로 현재 인기 있는 과학 분야를 따라가는 것보다는 자신이 흥미를 느끼는 분야를 연구 주제로 선택하는 것이 좋아요. 많은 어려움이 있겠지만 흥미를 가진 분야에 열정을 가지고 매진하는 것이 성공으로 향하는 지름길이에요."

그다지 많은 사람이 관심을 가지지 않던 플라스미드에 대한 소박한 연구로 시작하여 유전공학의 시대를 연 위대한 과학자의 아주 공감 가는 말씀이었어요.

그는 이런 이야기도 했어요. "고등학교 때는 물리학을 전공할까 생각했지만 생명과학(생물학)을 가르치는 선생님이 너무 강의를 잘하셔서 생명과학을 전공하게 되었어요. 개인뿐 아니라 사회의 발전을 위해서는 우수한 과학 선생님들이 학생들을 가르쳐야 해요. 저는 저만의 호기심을 충족시키기 위해 평생 연구를 계속할 거예요." 스탠리 코헨은 자신의 말처럼, 여든이 넘어서까지 스탠퍼드대학교에서 열심히 연구했답니다.

나도 스탠리 코헨처럼 흥미 있는 분야를 공부할 거야.
하고 싶은 게 있었는데 용기를 얻었어.
스탠리 코헨과 허버트 보이어처럼 서로 도와가며 하는 것도 좋겠지?
어른들은 염려하겠지만….
미래는 알 수 없는 거니까!
그럼 나 먼저 출발!

02

유전자가위 연구의 선구자
장펑

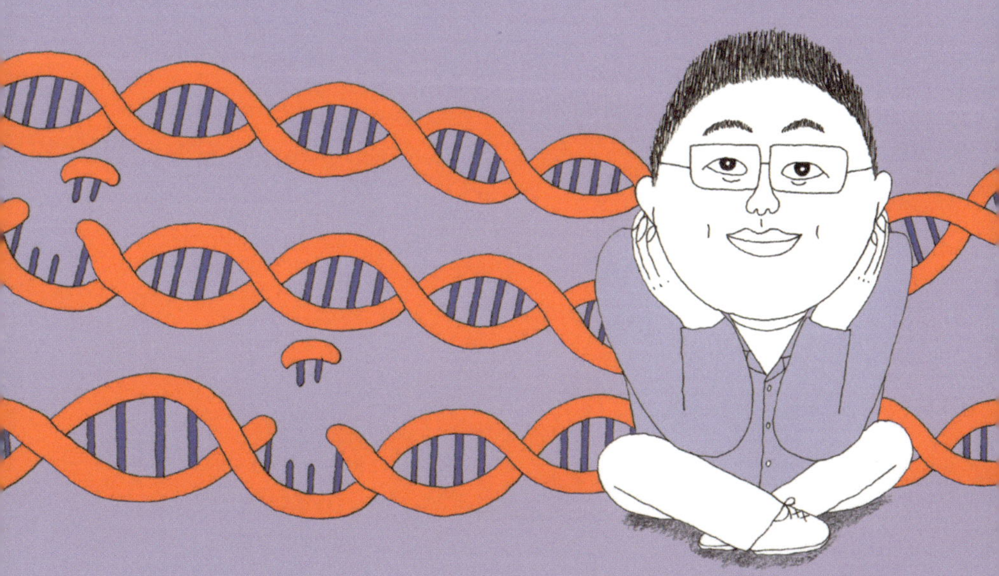

제한효소와
유전자가위는

어떻게 다를까?

여러분은 유전자가위에 대해서 들어보았나요? 유전자가위 또는 크리스퍼(CRISPR / 유전자의 특정 부위를 절단하는 인공 제한효소) 유전자가위가 무엇인지, 이번에는 유전자가위 연구의 선구자 장펑의 이야기를 통해서 알려드릴게요. 유전자가위는 이름 그대로 유전자를 자르는 기능을 가진 효소를 말해요. 그런데 유전자가위가 왜 이토록 많은 관심을 불러일으키는 것일까요?

앞의 스탠리 코헨 이야기에서 이미 유전자를 자를 수 있는 제한효소에 대하여 배웠지요? 제한효소와 유전자가위는 어떻게 다를까요? 자, 이제부터 간단하게 유전자가위와 제한효소의 차이점에 대하여 말씀드릴게요.

유전자가위라니
대단한걸!
선배님들이
다져주신 기반
덕분이죠.

DNA는 A(아데닌), T(티민), G(구아닌), C(시토신)이라는 이름을 가진 네 개의 염기로 이루어져 있어요. 이 네 가지 염기가 쭉 길게 연결되어 유전자를 만들고, 유전자들이 모여 염색체를 만드는 것이지요. 예를 들어 대장균의 염색체는 네 가지 염기가 470만 개 정도 연결된 고리 형태이고요, 인간이 가지고 있는 46개의 염색체 중 1번 염색체는 2억 4895만 6422개의 염기가 일렬로 연결되어 있어요. 그걸 쭉 펴면 길이가 85밀리미터 정도 된대요. 우리 인간의 세포 안에 DNA를 담고 있는 세포핵의 지름이 커 봐야 10마이크로미터(1밀리미터의 백분의 일)인데, 세포핵에 비하면 아주 긴 DNA가 단단하게 뭉쳐서 그 안에 들어가 있는 것이지요. 거기에 염색체가 46개나 들어가야 하니 세포핵 안이 얼마나 복잡할지 상상이 되나요?

이렇게 DNA는 너무나 길기 때문에 DNA 연구는 비교적 크기가 작은 DNA를 가지고 시작할 수밖에 없었어요. 인간과 같은 고등생물에 비해서는 비교할 수 없을 정도로 간단한 대장균의 염색체도 470만 개의 염기를 가지고 있어요. 그러니 DNA를 조작하는 실험은 아주 작은 DNA 조각, 즉 플라스미드를 이용하는 것에서 시작되었어요. 스탠리 코헨이 세계 최초로 실험에 사용한 플라스미드인 pSC101은 9263개의 염기로 이루어져 있지요. 스탠리 코헨이 pSC101 플라스미드를 EcoRI 제한효소로 잘랐다고 이야기했지요? EcoRI 제한효소는 GATTC의 순서로 염기가 연결된 곳을 찾아서 G와 A 사이를 잘라요. EcoRI 제한효소는 DNA의 특정 염기서열만을 찾아서 그곳만을 '제한적으로' 자르기 때문에 '제한효소'라는 이름이 붙었지요.

pSC101 플라스미드에는 GATTC의 순서로 염기가 배열된 곳은 딱 한군데예요. 자, 그곳을 자르면 어떻게 될까요? pSC101 플라스미드가 두 개로 나뉘어진다고요? 아니요, 그렇지 않아요. 플라스미드는 원형의 고무 밴드같이 생겼다고 했지요? 고무 밴드의 한곳을 자르면 원형의 고무 밴드가 직선 형태로 바뀌듯이 플라스미드도 마찬가지로 변해요.

GATTC라는 염기서열을 가지고 있지 않은 플라스미드는 EcoRI 제한효소로 잘라지지 않아요. 한편, 제한적으로 DNA를 자르지 않고 아무 DNA나 마구 자르는 효소도 있어요. 디엔에이즈원(DNase1)이라는 효소는 염기서열에 상관없이 DNA의 아무 곳이나 마구 자르지요.

과학자들은 연구 목적으로 DNA를 자를 때 원하는 곳만을 선택해서 자를 수 있는 효소가 필요했어요. 1970년대에 스탠리 코헨과 허버트 보이어가 제한효소를 이용하여 DNA를 자르는 실험을 수행한 이후에 몇십 년 동안 많은 과학자들이 제한효소를 효과적으로 이용해서 DNA를 잘라 여러 가지 실험에 이용했지요.

EcoRI 제한효소를 비롯해서 아주 많은 종류의 제한효소가 있고, 각각의 제한효소가 자르는 DNA 염기서열이 제각기 달라요. 과학자들은 자신이 원하는 DNA의 특정 위치를 자르기 위해, 여러 가지 제한효소 중 자신의 실험 목적에 필요한 것만을 골라서 실험에 사용할 수 있었지요. 하지만 제한효소도 한계가 있었어요. 과학자가 원하는 DNA 염기서열을 자르는 제한효소가 없는 경우는 어떻게 할까요? 유전자가위가 개발되기 전에는 제한효소로는 절대 자를 수 없는 곳을 자르고 싶은 경우에는 별다른 방법이 없었어요.

그런데 유전자가위는 제한효소와 달리 실험자가 원하는 DNA의 염기서열을 골라서 자를 수 있는 능력이 있어요. 유전자가위의 작용 메커니즘까지 여기서 다 설명하기는 어려워요. 궁금한 분들은 『생물학 신 완전 정복』(신인철 저), 『DNA 혁명 크리스퍼 유전자가위』(전방욱 저) 등 다른 책들을 더 참고하도록 하세요.

젊은 과학자,

신선한 아이디어를
내다

그렇다면 이렇게 엄청난 생명공학 실험 도구인 유전자가위를 미생물에서 발견한 후 유전자가위의 여러 가지 응용 방법을 개발한 몇몇의 과학자들이 있어요. 여기서는 그중에서 중국계 미국인 장펑(1981~)의 이야기를 하도록 할게요.

세계적인 정보 전문 기업인 톰슨 로이터 재단에서 주최한 2015년 '세계에서 가장 영향력 있는 19명의 과학자' 중 한 명으로 장펑이 선정되었어요. 당시 34세이던 장펑은 19명 중 최연소 과학자였지요. 또 국제 학술지 《네이처》에서 선정한 2013년 10대 과학자 중 한 명으로 뽑히기도 했어요. 모두 장펑이 개발한 유전자가위의 응용 연구 때문에 가능했던 일이에요.

장펑은 중국의 작은 도시인 허베이성 스자좡시에서 태어났어요. 부모님은 두 분 다 컴퓨터 프로그래머로 일하고 있었지요. 자식의 미래를 위해 고민하던 장펑의 어머니는 혼자서 장펑을 데리고 미국 아이오와주로 이주했어요. 아이오와주도 미국에서는 아주 한적한 시골 동네라고 할 수 있지요. 장펑은 아이오와주에서 고등학교를 다니던 시절 과학에 흥미를 느껴 여러 과학 경진 대회에서 상을 받고, 그 장점을 살려서 하버드대학교로 진학했어요. 하버드대학교에서 화학과 물리학으로 학사학위를 받고, 2009년 스탠퍼드대 대학원에서 화학과 생명공학으로 박사학위를 받았지요. 사실 스탠퍼드대 대학원에 진학했을 때 장펑은 레이저 냉각으로 노벨상을 받은 스티븐 추 교수의 연구실에서 연구할 생각을 했지만, 여의치 않아 광유전학을 전공한 칼 다이서로스 교수의 연구실에서 연구를 시작했어요.

광유전학은 빛으로 세포의 유전자 발현을 제어하는 방법에 관한 학문으로 신경생물학이나 뇌과학 분야에서 쓰이는 첨단 생명공학 기법이에요. 장펑은 칼 다이서로스 교수의 연구 과제에 흥미를 느끼게 되었어요. 칼 다이서로스 교수는 녹조류에서 빛에 반응하는 단백질을 추출해서 생쥐의 신경세포에 이식한 뒤, 빛을 쪼여 생쥐의 신경세포를 흥분시키는 데 성공했어요. 이에 장펑은 칼 다이서로스 교수 연구실에서 분자생물학 기술을 이용하여 광유전학 연구를 더욱더 발전시켰지요.

　장평은 2011년부터 매사추세츠 공과대학교(MIT)로 자리를 옮겼어요. 우연히 장평은 실뱅 모이노의 연구에서 박테리아 면역 시스템을 이용한 크리스퍼 유전자가위가 박테리오파지와 플라스미드 DNA를 절단한다는 이야기를 듣게 되어요. 그러고는 유전자를 자르는 유전자가위의 무한한 응용 가능성에 대하여 기발한 생각을 하게 되었어요. 박테리아의 면역 시스템을 이용하여 인간의 유전자를 편집한다는 것이 장평의 신선한 아이디어였지요. 이에 대한 자세한 설명은 다음 페이지에서 계속할게요.

천적을

몸 안에
새겨 넣는다고?

자, 그렇다면 장펑의 아이디어를 이해하기 위해 박테리아의 면역 시스템에 대하여 간단히 공부해 볼까요? 먼저, 면역이란 무엇일까요? 외부에서 우리 몸 내부로 침입하는 병균이나 바이러스, 기타 해로운 물질들을 무찌르기 위해 우리 몸 안에 있는 방어 시스템이 바로 면역이지요. 우리 인간은 면역을 위해 항체, 면역세포 등을 가지고 있어요. 외부에서 바이러스가 침입하면 바이러스와 결합할 수 있는 항체가 바이러스를 감싸요. 그리고 면역세포는 항체에 둘러싸인 바이러스에게 다가가서 없애버리지요.

이러한 항체에 의한 면역은 인간과 같은 고등동물만이 가지고 있는 시스템이에요. 최근에 인간에 비해 하등한 양서류나 어류에게도 항체를 이용한 면역이 존재한다는 사실이 알려졌지만, 무척추동물에게는 이런 복잡한 면역 시스템이 없어요. 그런데 무척추동물보다 훨씬 하등한 박테리아의 면역 시스템이라니요?

우리 인간이 박테리아나 곰팡이와 같은 미생물에 감염되면 감염성 질병이 발병하여 건강에 위협을 받게 되듯이, 박테리아도 박테리아를 감염시키는 박테리오파지라는 바이러스에 감염되면 죽을 수 있어요. 박테리오파지는 박테리아 표면에 결합한 후, 자신의 유전자 DNA를 마치 주사하듯이 박테리아의 세포 안으로 밀어 넣어요. 박테리아의 세포 안에 들어간 박테리오파지의 DNA는 박테리아의 세포 내 효소들을 먼저 이용해 박테리오파지의 단백질을 만들게 되지요. 만들어진 박테리오파지의 단백질은 조립되어 박테리아 세포 안에서 수많은 박테리오파지를 만들어내고, 수많은 새끼 박테리오파지는 박테리아 세포를 펑 터뜨려 죽이면서 박테리아 세포 밖으로 나가게 돼요.

그래서 박테리아는 이렇게 자신을 위협하는 박테리오파지를 무찌르기 위해 면역 시스템을 개발했어요. 박테리오파지의 DNA가 박테리아 세포 안에 들어왔을 때 그 박테리오파지 DNA의 일부를 잘라서 자신의 염색체 안에 삽입하는 방법을 선택한 거예요. 그래서 다음번에 새로운 박테리오파지가 다시 박테리아 안에 침입할 경우, 박테리아 세포 안의 유전자가위가 박테리오파지의 유전자를 기억했다가 박테리오파지를 잘라내어 버리지요. 유전자가 위에게 박테리오파지를 학습시키기 위해 박테리아는 박테리오파지의 유전자를 버리지 않고 가지고 있는 것이지요.

장펑은 이러한 박테리아의 유전자가위가 박테리오파지의 유전자를 기억했다가 찾아서 자르는 과정에 주목했어요. 인간 세포 안에 박테리아의 유전자가위를 넣으면, 인간 세포한테 필요 없는, 예를 들면 선천적인 질병을 일으키는 고장 난 유전자 등을 유전자가위가 잘라버릴 수 있지 않을까 생각한 것이지요. 장펑은 인간 세포 안에 도입한 유전자가위가 과학자가 원하는 인간의 유전자를 자르도록 조작하는 방법을 개발했어요.

앞에서 이야기한 대로 유전자가위는 기존의 제한효소와는 달리 과학자가 원하는 위치의 유전자를 정확하게 잘라낼 수 있는 능력이 있지요.

현재 우리는 장펑이 낸 아이디어를 기반으로 과학자들이 인간뿐 아니라 생쥐, 초파리, 예쁜꼬마선충 같은 실험동물과 작물 유전자를 유전자가위로 쉽게 편집할 수 있는 시대를 살고 있어요. 이러한 유전자가위를 이용한 유전자 편집은 과학자에게 여러 가지 엄중한 책임이 따르는 일이에요. 예를 들어 인간의 수정란을 유전자가위를 이용하여 조작하는 일은 과학자뿐 아니라 사회의 모든 구성원 간의 합의가 필요한 일이에요. 실제로 외국에서는 유

바이러스를
반드시 무찌르겠어!

전자가위를 인간의 수정란에 사용한 과학자가 구속되는 일도 있었지요.

장펑이 미생물인 바이러스에서 발견한 아주 강력하지만 한편으로는 두려운 도구인 유전자가위를 현명하게 사용하려면, 미래의 과학자인 여러분이 더 많은 공부와 고민을 해야겠지요?

3부

생명공학,
뭐가
궁금한가요?

01

빛을
생명공학에
이용한다고요?

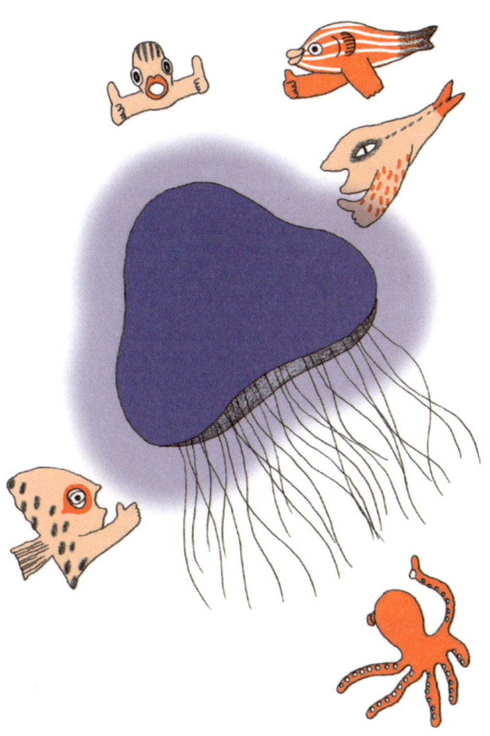

저는 사무실 한쪽에 꾸며놓은 해수 어항을 가만히 들여다보는 것을 좋아해요. 예전에는 애니메이션 「니모를 찾아서」, 「도리를 찾아서」의 주인공인 클라운피시와 블루탱 같은 바닷물고기가 좋았는데, 요즘은 아름다운 형광색을 뽐내는 산호에 푹 빠져 있지요. 바닷속에는 산호뿐 아니라 형광을 내는 생물들이 많이 살고 있어요. 해파리, 물고기 중에서도 형광을 내는 것들이 있지요. 참, 형광은 반딧불이가 내는 인광과는 다른 것이에요. 인광은 에너지를 이용하여 빛이 없는 어둠 속에서 스스로 빛을 내는 것이고, 형광은 대개 자외선과 같은 짧은 파장의 빛을 받은 후 그보다 긴 파장인 초록색이나 주황색의 빛을 내는 경우를 뜻해요.

그런데 생물에서 나오는 형광이 생명공학에 쓰인다는 사실을 알고 있었나요? 실제로 해파리에서 분리된 녹색 형광 단백질(GFP)은 생명공학에서 아주 유용하게 쓰이고 있어요. 자, 이제부터 녹색 형광 단백질이 무엇이며, 어떤 용도로 사용되는지 알아볼까요?

녹색 형광 단백질은 다른 단백질과 키메라(잡종)로 만들어질 수 있어요. 용어가 약간 어려운데요, 녹색 형광 단백질을 만드는 유전자를 생명공학자들이 주목하는 단백질 A를 만드는 유전자와 서로 결합시킨다고 해보죠. 그 결합으로 녹색 형광 단백질과 단백질 A의 키메라 단백질이 만들어져요. 키메라 단백질은 단백질 A의 성질을 대부분 가지고 있기 때문에 생명공학자들은 세포 내부나 생체 내부에서 단백질 A의 이동 과정을 형광을 이용해 추적할 수 있어요. 단백질이 세포 안에서 어느 곳으로 이동하고, 생체 내에서 어느 기관에 축적되는가에 대한 정보는 생명공학자들에게는 아주 중요하지요.

녹색 형광 단백질뿐 아니라 황색 형광 단백질, 적색 형광 단백질, 청록색 형광 단백질도 연이어 개발되었어요. 이들을 이용하면 한 개 이상의 단백질이 세포 안에서 이동하는 모습을 관찰할 수 있지요. 서로 다른 색의 형광 단백질과 다른 단백질을 결합해 키메라 단백질을 만들면 되니까요. 2008년 노벨화학상은 이 녹색 형광 단백질의 연구를 시작한 시모무라 오사무, 로저 첸, 마틴 챌피에게 돌아갔어요. 왜 노벨생리의학상이 아니고 화학상을 받았냐고요? 화학자들은 생명과학이나 생명공학도 화학의 일부분인 생화학의 한 형태라고 생각하기도 하거든요.

아무튼 이러한 빛을 내는 단백질은 여러 가지 생명공학 분야에 응용되고 있어요. 앞에서 유전자가위를 연구한 장펑이 처음에는 광유전학을 연구했다고 했지요? 광유전학은 이러한 형광 단백질의 형광으로 신경세포의 활성을 조절하는 실험방법이에요. 특정 파장의 빛을 신경세포에 쪼이면, 특정한 형광 단백질을 가진 신경세포만 활성화시킬 수 있는 것이지요.

　　최근에는 빛을 이용한 암 치료법도 개발되고 있어요. 빛을 받으면 활성산소를 내는 단백질을 이용해서 암세포를 죽이는 방법이에요. 미량의 활성산소는 우리 세포에게 필요하지만 양이 많아지면 세포가 죽을 수 있거든요. 앞으로 빛을 이용한 더 많은 생명공학 기법이 개발될 것으로 예상돼요.

02

줄기세포치료는 언제까지 기다려야 해요?

‘줄기세포’라는 말을 한 번쯤은 들어봤을 거예요. 줄기세포는 배아, 혹은 성체의 세포로부터 여러 가지 복잡한 조작을 통해서 만들어낸 세포예요. 다른 종류의 세포, 예를 들면 신장세포, 간세포, 신경세포 등으로 분화 과정을 통해 바뀔 수 있는 세포지요. 이 줄기세포가 왜 중요하냐면 환자들의 장기이식에 사용될 수 있기 때문이에요. 줄기세포로부터 신장세포를 만들어내어 실험실에서 인공신장을 완성한다면 신부전증으로 신장이식이 필요한 환자에게 아주 큰 도움을 줄 수 있겠지요.

줄기세포는 인간의 배아로부터 만들어낸 배아줄기세포와 성체의 조직으로부터 뽑아낸 성체줄기세포가 있어요. 하지만 이 두 가지 세포의 연구에는 윤리 문제가 항상 따라다녀요. 즉, 배아줄기세포는 태아로 자랄 가능성이 있는 수정란을 이용해야 한다는 윤리 문제가 있고, 성체줄기세포는 줄기세포 공여자와 이를 이용하는 의사, 수여받는 환자 사이에 줄기세포의 소유권과 관련된 윤리 문제가 발생할 수 있어요.

또, 다른 사람의 세포로부터 만들어진 줄기세포는 환자에게 이식되었을 경우 면역거부반응이 일어날 수도 있지요. 이 문제를 해결한 것이 일본의 야마나카 신야 교수가 개발한 유도만능줄기세포(iPSC)예요. 유도만능줄기세포를 이용하면 환자 자신의 세포로부터 줄기세포를 만들어 이식할 수 있기 때문에 면역거부반응을 걱정할 필요가 없지요. 야마나카 신야 교수는 이 훌륭한 업적으로 2012년 노벨생리의학상을 받았어요. 난치병 환자의 치료 발전에 새로운 계기를 마련했다는 평가를 받았지요.

야마나카 신야 교수가 노벨상을 탈 때만 하더라도 줄기세포를 이용한 치료의 앞날은 아주 밝은 것처럼 보였어요. 하지만 지금까지도 줄기세포치료는 크게 대중화되지 못했어요. 왜 그럴까요? 줄기세포에 돌연변이가 생겨서 환자에게 이식되었을 경우 암을 일으킬 수 있기 때문이에요. 그래서 환자에게 줄기세포를 이식하기 전에 줄기세포의 유전자를 일일이 검사해서 돌연변이가 생겼는지 확인하는 과정이 필요할 수도 있어요. 그렇기 때문에 줄기세포 연구는 천천히 많은 노력과 연구비를 투자해서 신중하게 진행해야만 해요. 앞으로 줄기세포치료가 가진 모든 문제가 해결될 때쯤에는 더 많은 난치병 환자에게 진짜 희망을 줄 수 있을 거예요.

항체를
치료에
사용한다고요?

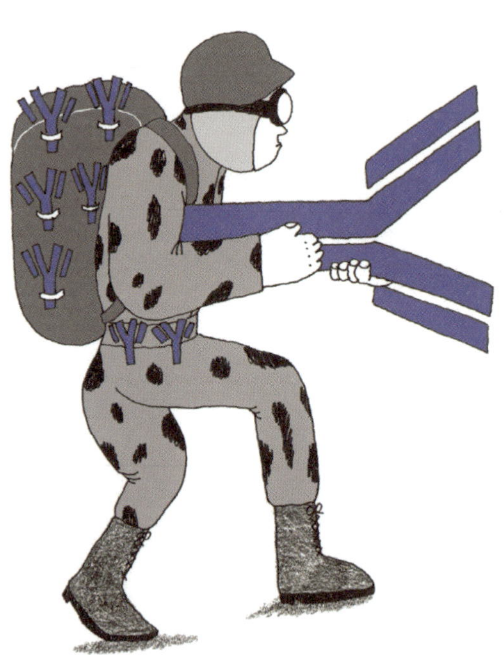

'항체'가 정확하게 무엇인지 아세요? 항체는 외부에서 우리 몸에 침입한 나쁜 물질을 면역반응을 이용하여 제거하는 작은 단백질이에요. 항체는 외부에서 침입한 작은 분자, 바이러스, 심지어는 커다란 다른 세포 등과 직접 결합해서 여러 가지 면역반응을 유도하여 외부 침입자를 제거해요. 마치 외부에서 침입한 적군과 싸우는 군인과 같은 역할을 하는 단백질이라고 생각하면 쉽지요. 그러니까 항체가 우리 몸에 많이 존재하면 외부에서 여러 나쁜 물질이 들어오더라도 잘 물리칠 수 있겠지요? 항체를 우리 몸에 생기도록 하는 물질이 바로 백신이에요.

여기서 백신의 감염병 예방 원리에 대해서 잠깐만 설명을 드릴게요. 1796년 영국의 의사 에드워드 제너가 개발한 천연두 백신에 대해 아시나요? 천연두도 역시 천연두 바이러스에 의하여 발생하는 감염성질환이었어요. 제너는 사람에게 가벼운 질병을 일으키는 우두 바이러스를 인위적으로 감염시키면 천연두 바이러스에 대한 면역이 생기는 것을 알게 되었어요. 천연두도 지난 세기말에 이미 지구상에서 사라졌지요.

천연두 바이러스는 더 이상 자연에 존재하지 않는 것처럼 보여요. 하지만 혹시나 테러단체들이 천연두 바이러스를 생물학무기로 사용할 수도 있기 때문에 천연두 백신은 아직 소량이나마 생산되고 있어요. 지금은 우두 바이러스 대신 좀 더 안전한 바키니아 바이러스를 백신으로 사용한다고 해요.

천연두 바이러스, 우두 바이러스, 바키니아 바이러스 모두 유사한 바이러스이기 때문에 사람에게 감염되면 세 경우 모두 몸 안에서 비슷한 항체가 만들어져요. 이때 새로 만들어진 항체가 다음번에 천연두 바이러스가 침입하였을 때 바이러스를 무찌르는 역할을 하는 것이지요. 이러한 현상을 '백신의 접종에 의한 면역력 획득'이라고 불러요.

항체는 이렇게 우리 몸에 군인처럼 존재해서 외부에서 침입한 나쁜 물질을 물리치는 데에도 사용되지만, 암과 같은 난치병을 치료하는 데에도 사용될 수 있어요. 외부에서 주사를 통해 암세포와 결합하는 항체를 집어넣는 방법을 사용하기도 하지요. 그러면 항체가 외부에서 침입한 물질 대신에 암환자의 몸에서 잘못 만들어진 암세포를 공격해서 제거하는 것이지요.

백신은 왜 빨리 못 만들어요?

매년 초겨울에 독감 백신 예방접종을 받던 기억이 나지요? 2019년부터 2023년까지 전 세계가 코로나 바이러스에 대한 공포에 빠졌던 때는 코로나19 백신을 맞기도 했지요. 그때 코로나19 백신은 어떤 과정을 통해 만들어졌을까요? 코로나19 감염병을 일으키는 코로나바이러스와 독감을 유발하는 인플루엔자 바이러스 모두 RNA를 유전자로 가지고 있는 RNA 바이러스입니다. 그러니 백신을 제작하는 원리도 거의 같다고 할 수 있어요.

코로나19 백신을 제작할 때에 생명공학 기술은 유용하게 쓰였어요. 당시 생명공학 기술을 활용해 코로나19 백신을 만들려는 여러 움직임이 있었지요. 일례로 코로나 바이러스의 독성을 약화시킨 바이러스를 백신 후보물질(몸 안에서 항체를 만들 수 있는 백신이 될 수 있는 가능성은 있으나 아직 안전성이나 경제성이 확보되지 않은 후보물질)로 사용하려 했어요. 코로나19 감염병을 일으키지는 않으면서 항체를 만들 수 있는 백신 역할을 할 수 있으니까요.

또 인체에 위험성이 적은 다른 바이러스의 유전자를 조작하여 코로나 바이러스의 껍질에 존재하는 단백질을 만들도록 해서 백신으로 사용하려는 시도도 있었어요. 이러한 껍질 단백질은 백신으로 우리 몸에 들어오면 항체를 만들도록 유도할 수 있거든요. 이처럼 백신으로 사용되는 바이러스는 코로나 바이러스는 아니지만, 코로나 바이러스와 결합할 수 있는 항체를 만들어서 코로나 바이러스를 제거할 수 있어요.

그 외에 코로나 바이러스의 유전자를 백신으로 사용하거나, 코로나 바이러스의 껍질 단백질을 직접 백신 후보물질로 이용하자는 이야기도 있었어요. 이론대로라면 위의 네 가지 방법으로 코로나19 백신을 쉽게 만들었을 것 같죠?

하지만 실제 코로나19 백신을 제작하는 데는 꽤 오랜 시간이 걸렸어요. 그 이유는 바로 안전성 평가를 위한 실험에 시간이 많이 걸리기 때문이에요. 동물실험, 사람에게 직접 적용하는 임상실험 등을 거쳐서 부작용이 없고 안전하다는 것이 완벽하게 밝혀져야만 비로소 백신을 사용할 수 있거든요. 그래서 코로나 바이러스가 창궐한 지 약 2년이 흘러서야 사람들이 코로나19 백신을 맞을 수 있었던 거지요.

저는 인간에게 위중한 감염성 질환일 경우, 백신의 사용 허가를 더욱더 신중하게 결정해야 한다는 생각에 동의해요. 왜냐하면 백신은 사실 약해진 바이러스, 변종 바이러스, 바이러스의 유전자 또는 바이러스의 단백질과 같이, 원래 병을 일으키는 바이러스와 유사한 물질이기 때문에 또 다른 감염병을 일으킬 가능성이 항상 존재하기 때문이에요. 물론 이와 다르게 생각하는 생명공학자도 있을 거예요. 하지만 사회 전체의 안녕에 직결된 중요한 정책 결정을 할 때는 여러 의견들을 심사숙고해야 한다고 생각해요.

질병의 조기진단에 어떤 기술이 사용되나요?

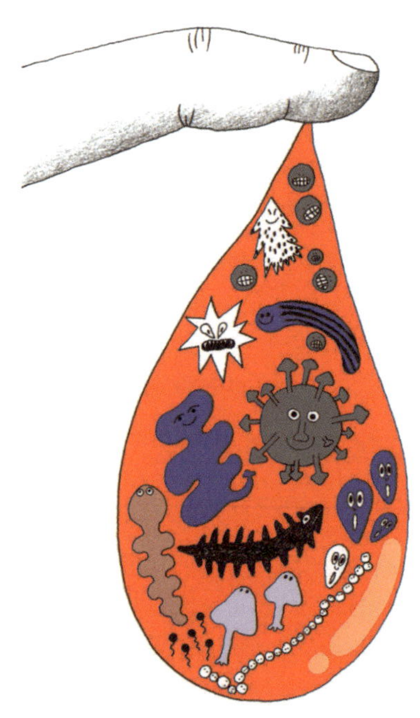

앞에서 우리나라 암 발생률이 높아진 이유 중의 하나가 검진을 많이 하기 때문이라고 했어요. 이러한 조기진단으로 질병에 걸린 사람을 더 많이 찾아내서 실제로 질병을 진단받은 사람의 수가 늘어났지요. 그런데 역설적이지만 우리나라 사람들의 평균수명도 점점 더 늘어나고 있어요. 각종 질병을 건강검진으로 일찍 발견하여 병을 치료하거나 잘 관리하면서 오래 사는 '유병 장수' 시대가 된 것이에요. 실제로 많은 질병들을 관리해서 잘 다스리면 오래 사는 데 큰 문제가 없다고 해요. 제 주변에도 고혈압, 고지혈증, 당뇨병 약을 복용하고 식사 조절, 운동 등을 병행하면서 '건강한 환자'로 잘 사는 사람들이 많아요. 저 또한 마찬가지고요.

조선 시대 사람들을 생각해 봐요. 외국인이 찍은 당시 사람들의 사진을 본 적이 있나요? 모두 날씬하고 아주 건강한 몸매처럼 보이지요? 실제로 현대인의 건강을 위협하는 가장 나쁜 적은 과식이에요. 특히 칼로리가 높고 당분이나 포화지방이 많은 음식들은 당뇨병, 고지혈증 등을 일으켜 건강을 해치는 것으로 알려져 있지요. 하지만 조선 시대의 백성들은 고기를 일 년에 한두 번 먹을까 말까 했을 테고, 설탕과 같은 정제 당분은 아마 금가루만큼 귀해서 먹을 엄두도 내지 못했을 거예요. 당시 사람들은 우리가 지금 건강식이라고 부르는 많이 도정하지 않은 곡식, 채소 등을 주로 먹었겠지요. 그런데 당시 사람들의 평균수명은 지금보다 훨씬 낮았

어요. 현대인이 오히려 옛날 사람보다 건강에 안 좋은 음식을 과
다 섭취하는데 더 오래 사는 이유는 무엇일까요?

물론 그 이유는 한두 가지가 아니지요. 예방접종처럼 발달한 의
학 기술로 영아 사망률이 획기적으로 낮아졌고, 무엇보다도 조기
질병 진단을 통해 많은 질병들이 미리 진단되어 더 증상이 나빠지
기 전에 충분히 관리할 수 있게 된 것이지요.

우리나라 사람들은 일정 나이 이상이 되면 모두 의무적으로 위
암, 대장암 등의 암 검사를 받아야 해요. 나라 입장에서는 조기에
국민들의 암 진단을 해서 예방하는 데 쓰는 비용이 나중에 늦게
암이 발견되었을 때 드는 치료 비용보다 훨씬 적기 때문에 의무적
으로 건강검진을 받도록 하는 것이지요. 그렇다면 이러한 질병의
진단에는 어떠한 생명공학 기술이 사용될까요?

아직까지는 위암과 대장암의 조기진단을 위해서 내시경으로
의사 선생님이 직접 관찰하는 방법이 가장 믿을 만해요. 하지만
위장이나 대장처럼 카메라를 직접 넣기 어려운 부분에 생기는 암
은 어떨까요? 예를 들어 폐암이나 췌장암의 경우는 조기진단이
어렵고, 치료 또한 다른 암에 비하여 힘들기 때문에 여러 생명공
학 기술을 통한 조기진단법이 개발되고 있어요. 자, 그럼 생명공학
자들이 어떤 원리로 암을 조기진단 할 수 있는지 살펴볼까요?

앞에서 면역세포가 암세포 표면의 어떤 물질에 직접 접촉해서

죽여야 할 암세포인지 아닌지 알아낸다고 했던 것 기억나지요? 이렇게 암세포는 표면에 정상세포와는 다른, 대개 단백질로 이루어진 물질을 가지고 있어요. 이러한 물질이 암세포 표면에 붙어 있기도 하지만 때로는 떨어져 나가서 혈액 안에서 둥둥 떠다니기도 해요. 또 암세포가 바깥으로 뱉어내는 물질도 혈액 안에서 발견할 수 있어요.

생명체에서 일어나는 많은 반응들은 여러 가지 물질이 서로 붙었다가 떨어졌다가 하는 일이 반복되면서 일어나요. 효소가 물질과 결합하여 물질을 변형시킬 때, 우리 몸 안의 항체가 외부에서 들어온 물질이나 암세포 표면 물질과 결합할 때도 있지요. 이러한 결합들은 마치 서로 빈틈없이 딱 맞는 퍼즐 조각이나 톱니바퀴와 비슷하다고 생각하면 돼요. 생명공학자들은 이러한 생명체 내의 물질들 사이의 결합에 착안해서, 암세포에서 나오는 물질과 딱 들어맞는 결합을 할 수 있는 새로운 물질을 찾아냈어요.

그다음, 생명공학자들이 찾아낸 새로운 물질을 이용하여 암세포에서 분비되는 물질을 찾아냈지요. 어떻게 하냐면요, 암세포에서 나오는 물질이 발견된, 혈액 한 방울을 채취해서 생명공학자들이 찾아낸 새로운 물질이 붙어 있는 작은 칩 위에 떨어뜨려요. 이 칩은 가로 1cm, 세로 1cm 정도의 크기로 트랜지스터(반도체를 이용해서 전기 신호를 증폭하여 발진시키는 반도체 소자) 대신 여러 화학

물질과 화학반응을 관찰할 수 있는 회로가 연결되어 있지요. 혈액 안의 암세포 유래 물질이 칩 위의 새로운 물질과 결합하면, 칩의 전기전도성(전류를 얼마나 잘 전달할 수 있는지를 나타내는 물질의 물리적 특성)에 변화가 생긴다든가, 칩 위의 새로운 물질과 연결된 형광물질의 형광이 증가한다는 등 여러 가지 반응이 일어나요.

생명공학자들은 이러한 칩에서 일어나는 변화를 관찰하여 암의 조기진단을 위한 데이터를 만들 수 있어요. 이러한 간편한 진단 방법은 암뿐만 아니라 다른 질병의 진단에도 사용할 수 있지요. 그런데 어떠한 병의 조기진단을 위한 새로운 기술을 현실화하려면 아주 오랜 연구와 많은 연구비가 필요하지요.

06

'오가노이드'가
무엇인가요?

'오가노이드(organoid)'라는 말은 아마 이 책에서 나온 단어 중에서 제일 어려운 단어일 거예요. 일단 이 단어의 뜻풀이부터 해 볼까요? '오간(organ)'은 우리 몸의 심장, 폐, 간과 같은 장기를 뜻해요. '오이드(~oid)'라는 접미사는 '~와 비슷한 것'이라는 뜻을 표현할 때 사용돼요. 그러니까 오간에 오이드라는 접미사가 붙어서 만들어진 오가노이드는 '장기와 비슷한 것'을 의미하지요.

오가노이드를 만들기 위해서 생명공학자들은 동물의 몸에서 유래된 세포에 적절한 영양 성분을 넣어준 후 3차원 공간에서 배양해요. 기존의 세포배양이 2차원 접시 위에서 이루어진 것과 근본적으로 다른 것이지요. 우리 몸 안에 있는 장기들은 2차원이 아닌 3차원 공간에 있기 때문에 장기를 이루는 세포들을 3차원 덩어리 형태로 키워야만 장기와 유사한 기능을 가지도록 할 수 있어요. 또한 오가노이드를 만들기 위해서는 한 종류 이상의 세포가 필요할 때도 있어요. 왜냐하면 우리의 장기는 한 종류의 세포로만 이루어진 것이 아니기 때문이지요.

이렇게 실험실에서 만들어진 오가노이드를 장기에 손상이 생긴 환자에게 당장 장기이식을 할 수 있는 것은 아니에요. 그래도 여러 가지 실험에 사용될 수 있어요. 말하자면 간 오가노이드는 간의 간단한 실험 모델이 되는 것이지요. 실제로 우리 몸에 들어온 여러 가지 독성물질에 대한 간의 대사 연구를 간 오가노이드를 통

해서 할 수 있어요. 오가노이드가 없다면 많은 실험동물을 희생시
켜 가며 실험을 해야 했을 텐데, 동물실험의 대체 효과가 있는 것
이지요.

현재 여러 생명공학자들에 의해 간 오가노이드뿐 아니라 대장
오가노이드, 뇌 오가노이드, 신장 오가노이드, 갑상선 오가노이드
들이 개발되었어요. 오가노이드는 실험실에서 실험동물이나 인간
을 대상으로 한 임상실험을 대신할 수 있을 뿐 아니라, 인공장기
를 개발해 나가는 데도 많은 도움을 주고 있어요.

신경공학은
여러 분야의 협력이
필요하다고요?

신경공학 또는 뇌공학이라고 부르는 분야는 의생명공학의 세부 분야로서 신경조직, 뇌 등을 이용하는 기술을 개발하는 학문이에요. 우리 몸에서 기능과 작동 원리가 가장 알려지지 않은 장기가 뇌이기 때문에 신경공학이나 뇌공학은 과학자들에게 앞으로 할 일이 아주 많은 유망한 분야이지요.

신경공학자들은 뇌와 신경조직의 작동 원리를 알아내기 위해, 실험실에서 작은 칩 위에 신경세포를 키워서 빛을 쪼거나, 전기 신호를 가하여 신경조직의 작동 원리를 알아내는 연구를 진행하고 있어요. 이렇게 얻은 정보를 바탕으로 후각신경세포, 미각신경세포 등을 이용해 냄새나 맛 센서(물리적, 화학적인 환경 정보의 변화를 감지하여 전기적 신호로 변환하는 장치)를 만들어서 식품 산업에 응용할 수 있어요. 항상 일정하고 객관적인 기준으로 냄새와 맛을 평가할 수 있는 센서가 있다면 식품 산업에 도움이 되겠지요?

신경공학의 또 다른 관심 분야 중 하나는, 신경조직의 작동 원리에 대한 이해를 바탕으로 한 인공지능 연구예요. 신경조직을 이용하거나 신경 네트워크의 작동 원리를 모방한 컴퓨터를 만들어내면, 좀 더 인간에 가까운 판단을 내릴 수 있는 인공지능 컴퓨터를 만들어낼 수 있겠지요. 또한 뇌의 감각기능, 운동기능에 대한 연구와 기계공학 연구를 접목해서 사용자의 생각만으로 기계 등 장비를 제어하는 방법도 현재 개발 중이에요.

　신경공학 분야는 생명공학이나 생명과학 전공자뿐 아니라 수학자, 컴퓨터공학자, 전자공학자 들의 상호 협력이 무엇보다도 필요한 분야예요. 물론 자기가 잘 알지 못하는 분야는 다른 전공 학자에게 자문을 받아서 공동연구를 진행하면 되겠지만, 여러 분야에 골고루 넓은 지식을 가지고 있다면 신경공학과 같은 융합 과학을 이끌어나가는 선도자의 역할을 할 수 있을 거예요. 향후 생명공학자를 꿈꾸는 학생들이 수학과 코딩 학습을 게을리하지 말아야 할 충분한 이유가 되겠지요?

08

생물정보학은
컴퓨터만
있으면 되나요?

30여 년 전 제가 대학원생이던 시절, 옆 연구실에 생물정보학을 혼자서 연구하던 후배가 있었어요. 당시만 해도 생물정보학에 대한 이해가 생명공학자들 사이에서도 많지 않아서 그 친구는 부러움과 시기의 대상이었지요. 매일 실험동물에게 밥을 주고 똥을 치우고, 키우는 세포가 행여나 죽을까 주말에도 출근해야만 하는 다른 대학원생과는 달리 그 친구는 그냥 컴퓨터 앞에 앉아서 뭔가 타이핑을 하다가 자기가 퇴근하고 싶을 때 아무 때나 퇴근해서 많은 부러움을 샀지요.

생물정보학은 유전자의 염기서열, 단백질의 아미노산 서열과 같은 생물학적 정보를 컴퓨터로 분석하는 학문이에요. 유전자의 염기서열 같은 경우만 보더라도 인간 세포는 30억 염기쌍이나 되는 엄청나게 많은 정보를 가지고 있기 때문에 고성능 컴퓨터를 이용하지 않고는 종합적인 분석이 불가능해요. 또한 우리 몸의 1013개나 되는 세포가 서로 모두 다른 유전자 발현(DNA에서 mRNA나 단백질이 합성되는 것) 양상을 가지고 있기 때문에 각 세포 사이의 유전자 발현 조합의 가짓수는 상상을 초월할 정도로 많아요. 생물정보학을 전공하는 생명공학자는 컴퓨터로 이러한 생물 정보를 분석하여 특정 질환과 관련된 유전자의 조합을 알아낸다든가, 특정 품종개량과 관련된 작물의 유전자를 발굴해 내는 일을 주로 진행해요.

지금 생물정보학은 생명공학의 가장 핵심적인 분야 중 하나로 자리 잡았어요. 그동안 정말 많은 유전자 발현 정보, 세포의 단백질 상호 작용 네트워크 분석 정보가 IT 기술의 발전과 더불어 엄청나게 많이 쌓여 있어요. 이러한 빅데이터들은 전 세계의 생명공학자들이 연구소 웹페이지에 회원 가입만 하면 공짜로 얻을 수도 있고, 유료 가입자나 공동연구자 전용으로 서비스되고 있기도 하지요. 아무튼 지금은 컴퓨터 한 대만 있으면 자기 집이든 카페든 어디든 앉아서 생물정보학을 연구할 수 있는 시대가 되었어요.

제가 있는 대학에도 많은 대학원생들이 생물정보학 연구실에 지원해요. 아마도 실험동물이나 샘플을 직접 다루지 않기 때문에 연구가 상대적으로 편할 것이라고 생각하는 학생들이 많을지 몰라요. 하지만 생물정보학도 아주 경쟁이 심한 분야예요. 모두 동등하게 데이터에 접근할 수 있기 때문이에요. 컴퓨터를 좋아하고 생명공학을 좋아하는 친구들이 생물정보학을 전공한다면 아주 재미있게 연구할 수 있고, 노력 여하에 따라 충분히 좋은 결과를 낼 수 있다고 생각해요.

09

생명체를 모방하여
소재를
개발한다고요?

우리 주변의 여러 생물을 둘러보세요. 지구의 역사와 같이 오랫동안 진화한 생명체에게서 우리가 배울 점이 아주 많아요. 어떤 것들이 있냐고요? 창문의 매끈매끈한 유리에 붙어 있는 파리는 어떻게 그렇게 쉽게 붙어 있을 수 있는지, 심지어는 천장에 어떻게 거꾸로 매달려 있을 수 있는지 궁금하지 않아요? 또 하루 종일 거센 파도가 치는 해안가 바위에 붙어 있는 홍합을 보면서, 어떻게 그렇게 강력한 접착이 가능한지 궁금한 적은 없나요?

생체모방 공학이란 이와 같이 생명체에서 발견할 수 있는 재료들의 특성을 모방하여 실생활에 응용하는 연구를 뜻해요. 가장 먼저 알려진 생체모방 공학의 대표적인 예는 바로 옷이나 신발 등에 자주 사용되는 벨크로예요. 두 폭을 한 데 떼었다 붙였다 할 수 있는 일명 '찍찍이' 말이에요. 이는 도깨비바늘과 같은 식물의 씨앗이 인간의 옷이나 짐승의 털에 달라붙어서 멀리 퍼져가는 것을 보고 응용한 것이에요. 벨크로의 접착력을 이용하면 아주 손쉽게 옷깃을 여미거나 신발을 조일 수 있지요.

생명공학자들은 홍합이 바닷가 바위에 붙어 있을 수 있도록 해 주는 단백질도 연구하고 있어요. 이 홍합 단백질을 응용하여 수술 부위를 봉합할 때 수술용 실을 대신하여 벌어진 부위를 붙게 하려는 것이지요. 이렇게 홍합 단백질과 유사한 부작용이 없는 바이오 접착제를 개발한다면 몸 내부의 상처봉합에 더 유용하게 사용할 수 있겠지요?

또한 뱀이나 지렁이의 운동을 모사한 로봇도 개발되었어요. 이 로봇은 기존의 바퀴나 다리가 달린 로봇이 가기 힘들던 지형을 뱀처럼 구불거리며 쉽게 이동할 수 있어요. 특히 위험한 지역을 탐사할 때 좋고, 작게 만들어 인체 내부를 관찰하는 복강경, 내시경 수술 등에 응용할 수 있지요. 여러분도 주위를 한번 둘러보세요.

주변에 있는 여러 생명체의 신기한 모습을 응용하여 새로운 소재나 물건을 개발하는 것이 재미있을 것 같지요?

10

환경생명공학은 인류의 미래를 도울까요?

21세기를 사는 여러분은 깨끗한 강물, 맑은 물이 흐르는 도시의 하천을 주로 보고 자랐지만, 제가 어렸던 1970년대에는 시내의 하천도 너무나 지저분했어요. 하수도 개발이 제대로 되지 않았던 시절이라 가정의 온갖 생활폐수들이 도시의 하천에 흐르고는 했지요. 지금은 하천 주변에 공원이 조성되고 운동시설도 있어 많은 시민들이 둔치에서 즐거운 생활을 하고 있지만, 당시에는 고약한 냄새 때문에 하천 근처에 가는 것도 고역이었어요.

그렇다면 몇십 년 사이에 어떻게 이렇게 하천이 깨끗해질 수가 있었을까요? 바로 우리 주변의 정화시설에서 생활폐수를 깨끗하게 정화하여 하천으로 방류하기 때문이에요.

하수를 정화하기 위해서는 물리적으로 하수를 걸러내는 것도 중요하지만 물에 녹아 있는 여러 잔류 물질들을 미생물공학을 이용한 방법으로 무해하게 만들어야 해요. 하수의 대표적인 오염원은 유기물이 부패하여 생긴 암모니아예요. 암모니아는 아주 독성이 센 물질이기 때문에 재빨리 아질산 이온과 질산 이온을 거쳐서 무해한 질소로 만들어야 해요. 이 과정은 모두 박테리아의 일종인 질화박테리아가 담당해요.

혹시 여러분은 어항에 물고기를 길러본 적이 있나요? 물고기를 기르기 위해서는 '물잡이'라는 과정이 필요해요. 물잡이란, 질화박테리아가 수조에 충분히 생길 때까지 기다리는 과정을 뜻해요. 여

과기(물고기의 배설물이나 사료 찌꺼기를 걸러서 내부의 박테리아를 이용해 분해하는 장치)나 수조의 바닥재에 충분한 질화박테리아가 생성되지 않은 상태에서 물고기를 넣으면, 물고기 배설물에서 발생한 암모니아에 의해 물고기가 죽기도 하거든요.

환경생명공학자들은 이렇게 물의 정화나 쓰레기의 분해를 위해 새로운 박테리아를 개발하는 연구를 수행해요. 물론 앞에서 얘기했던 것처럼 미생물에 유전공학적인 조작을 가해서 플라스틱과 같이 잘 분해되지 않는 물질을 분해하는 새로운 박테리아를 만들어내는 연구도 수행하지만, 자연계에 존재하는 수많은 박테리아들 중 수질정화나 쓰레기 분해에 탁월한 효과가 있는 새로운 박테리아를 골라내는 연구도 하고 있지요. 환경생명공학은 인류 전체가 건강한 삶을 살 수 있도록 도와준다는 점에서 꼭 필요한 연구 분야입니다.